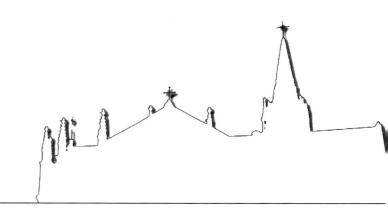

宁波江北天主教堂
修缮工程报告

宁波市文物保护管理所 编著

学苑出版社

图书在版编目（CIP）数据

宁波江北天主教堂修缮工程报告 / 宁波市文物保护
管理所编著 . — 北京：学苑出版社，2018.3
ISBN 978-7-5077-5422-3

Ⅰ . ①宁…　Ⅱ . ①宁…　Ⅲ . ①罗马公教—教堂—
修缮加固—研究报告—宁波　Ⅳ . ① B977.255.3

中国版本图书馆 CIP 数据核字（2018）第 032272 号

责任编辑：周　鼎
出版发行：学苑出版社
社　　址：北京市丰台区南方庄2号院1号楼
邮政编码：100079
网　　址：www.book001.com
电子信箱：xueyuanpress@163.com
联系电话：010-67601101（营销部）、010-67603091（总编室）
经　　销：全国新华书店
印　刷　厂：北京赛文印刷有限公司
开本尺寸：787×1092　1/8
印　　张：26
字　　数：400千字
版　　次：2018年3月第1版
印　　次：2018年3月第1次印刷
定　　价：1600.00元

《宁波江北天主教堂修缮工程报告》

编 委 会

序一

北京大学考古文博学院院长

　　房龙在《人类的故事》中论及中国中世纪城市给他的印象，里面的插图是方正的城墙和高耸的塔，这可能是中国城市给外国人最直观的印象了。西方早期的建筑史学者对于中国古代的建筑评价很低，但是，唯独塔这种建筑形式，给外国学者以很深的印象。敏斯德保（Osker Munsterberg）在《中国艺术史》中就曾经说：中国建筑程度甚低，太古以来，千篇一律，民家宫殿寺院，皆限于同型，毫无变化。但亦谓塔颇富变化而有趣味，其解释亦颇有理由。

　　同样，我们如果去一座西方的城市，也一定会为其教堂建筑所吸引。但是，不论是西方的教堂来到中国，还是中国的宝塔去到西方，往往都会被当地化。去年年底，东南大学沈旸教授在北京大学的一次讲座中，论及西方建筑在中国的发展历程，举了很多教堂的实例，这些实例中，相当一部分并不是西方建筑原班不动的照抄，而是经过了中国建筑材料甚至建筑技法的改造，甚至可以部分反映中国建筑的发展历程。如果拿宁波江北天主教堂来作为论证材料，是可以详细展开相关问题的讨论的，因为这座教堂具有典型性。

　　宁波江北天主教堂在维修之后能够及时刊出报告，是很值得提倡的做法，本书内容涉及研究、勘察、设计、施工和监理，是一项综合性的修缮报告，对于深化文物建筑的研究，提升勘察设计水平，监督施工质量都会起到促进作用。作为浙江省的第一本文物建筑修缮报告，王麟同志在项目的顺利完成和本书的出版方面付出了很多心血。

　　我在上海工作九年，在上海期间，经常看到教堂建筑，就如同中国的佛寺道观一样，人类往往是把建筑的精华都奉献给了神灵，因此，宗教建筑就成为一种文化的综合体，对宗教建筑的研究水平，彰显着对某种文化的研究水平。但是，在上海期间，尤其是在上海市历史博物馆工作期间，关注的多还是教堂所承载的历史信息。我于2007年调回北京大学考古文博学院工作，考古文博学院经过多年发展，现在拥有考古、博物馆、文物建筑、文物保护和外国考古五个本科专业招生方向，其中文物建筑方向的设立，就是考虑到文化遗产保护事业在近些年的发展，工作重点已经不仅仅是中国古代的木构建筑，近现代建筑也是建筑考古的有机组成部分。文物建筑方向近年来和比利时鲁汶大学合作勘测了河北大名的天主教堂，这座教堂的设计图纸仍存鲁汶大学，1926年，法国传教士撰写并出版了手册《传教士建造者：建议方案》，河北大名的天主教堂就名列其中，这使得我们拓宽了研究视野，知道中国的教堂建筑尚有许多可以深入研究，甚至展开国际合作之处。

序二

中国文化遗产研究院文物保护工程所所长

宁波位于美丽的东海之滨，浙江省东部，是国务院公布的首批对外开放的十四个沿海开放城市。宁波自古以来就是对外贸易的重要港口，其名源于"海定则波宁"之意，在唐代就是"海上丝绸之路"的起点之一，宋、明时期成为贸易的集散中心，清鸦片战争后签订的《中英南京条约》，使宁波成为"五口通商"口岸，正式开埠，并将江北岸划为外商居住地。贸易的发展也不可避免的受外来文化的冲击与影响，从明末开始欧洲传教士就开始在宁波传教，清同治九年（1872）法国传教士苏凤文在江北建天主教堂，其后代有增建和改建，一直保存至今。

位于"三江汇流"的江北天主教堂，作为"舶来品"，具有哥特式建筑特点。教堂为单钟塔式教堂，坐东朝西，平面呈拉丁十字式，长46米，宽22米，为砖木结构。教堂西面入口为门厅，其后是中殿，祭坛在东端，向外做多边形突出。教堂西正立面分三段，底层设三扇尖券门，中间为圆形镂空玫瑰花窗，顶端钟塔上部尖券顶上立十字架。墙体均为青砖砌筑，用红砖作装饰和点缀，墙体每个窗之间都有突出的倚柱，柱顶用塔形小尖顶装饰，屋面小青瓦。钟楼上四面有报时钟，一层朝西大门为尖券式，逐步迭涩内凹。建筑虽为哥特式建筑风格，但屋面结构采用中国传统的抬梁式结构，其部分内装饰还采用中国的斗拱。江北天主教堂建筑体现了宗教在礼拜空间尺度和功能的要求，无论从外观、空间及装饰上都具有哥特式建筑特点，同时在建筑材料、结构和室内装饰上具有中国传统建筑元素，是西方传教士建造者和中国工匠基于实践基础上的碰撞与交流，是一座具有中西方建筑艺术与技术交融的建筑，是时代特点的反映。也反映了19世纪晚期中国的基督教建筑多是纯西方模式，而20世纪20年代逐渐演变成中国基督教的样式。

2014年7月，江北天主教堂经历了一场大火，建筑损毁严重，昔日的地标建筑已是满目疮痍，今日经过修复后，教堂恢复原来的面貌，原来的功能，又赋予他新的生命和意义。在这个过程中，参与者也是对中国文物保护理念的探索与实践。在经过大量的前期勘查、研究、评估、论证的基础上，在依据充分技术可行，坚持原材料原工艺的条件下，一些具有代表性和特殊意义的建筑遗迹怎样的保护与利用，是否可以重建，《中国文物保护古迹准则》要求，重建应当有确凿具体的文献依据，毁去时间不长，在公众心目中有较深的印象，或留存有可靠的形象资料。这次对教堂的修复，不仅仅是对文物建筑的重视，而且是对地区的文化历史相关物质和非物质文化遗产的关注，文化遗产与现代人的生活息息相关，保护文物遗产应重视遗产与人的关系。特别是在当今大家关心的关于怎样"让文物活起来"，让文物得到更好的保护与利用，使文化遗产的保护更好地服务社会惠及与广大人民。

江北天主教堂是宁波这座老城中不可少的代表，具有时代特点的建筑，是城市风貌的重要组成部分，也是城市特色的一种体现。通过江北天主教堂的维修工程，也将推动宁波历史文化名城的文物建筑的保护与利用。

目录

设 计 篇

施 工 篇

监 理 篇

绪论

鸦片战争以来，中国开始步入半殖民地半封建社会，以此为开端的中国近代建筑的历史进程，也由此被动地在西方建筑文化的冲击、激发与推动之下徐徐展开，最终呈现出中与西、古与今、新与旧，多种体系并存、碰撞与交融的错综复杂状态，并以此为主线演绎着中国的近代建筑史。

教堂，作为一种"舶来"的建筑类型，在中国近代建筑发展史中具有不可忽视的地位。特别是当前，随着国际建筑学术交流的开展，国内外建筑对中国近代建筑的研究日趋重视。因为遗留至今的教堂，不仅富有历史文化特色，而且在相当长的时期内仍将为人们的宗教生活所使用。与此同时，由于社会变迁和城市建设的发展，这些建筑历经沧桑，或毁或存。自从我国改革开放以来，由于宗教政策得到落实，教堂又重新得到关注。

对于"港通天下"的宁波来说，教堂并不陌生，特别是江北区新江桥北岸的宁波江北天主教堂，位居"三江口"，东临甬江，西南及北侧濒临姚江，其"三龙戏珠"地理景观，见证了近代以来这座海疆边城的风云变幻，现已被列为全国重点文物保护单位。

2014 年 7 月 28 日凌晨，宁波江北教堂突发大火，当地消防出动 11 辆消防车赶赴现场处置，经过两个多小时的扑救，火灾才被完全扑灭。本次事故实际过火面积约 500 平方米，为了及时恢复教堂原貌，避免建筑本体继续出现险情，2014 年 9 月，国家文物局进行了批复，同意教堂修缮工程立项，并由上海建筑装饰（集团）设计有限公司负责工程方案设计，由宁波江南建设有限公司负责施工。

宁波江北天主教堂，由法籍主教苏凤文建于 1872 年（清同治十一年），于次年 9 月 22 日落成，而后又有赵保禄等主教扩建逐成规模，初名为"圣母七苦堂"，是现存宁波教堂建筑的典型代表。该建筑群气魄宏伟，规划严整，极为壮观，主要由教堂、钟楼、主教公署、修道院、藏经阁及附属用房组成，整个建筑面积 4380 平方米，其中圣堂面积 800 平方米。无论是高耸的尖塔，标志性的尖拱券、尖券门、尖券窗，经典的拉丁十字平面布局，哥特式建筑中具欣赏价值的玫瑰窗，还是许多个冒出屋面的如火炬般的天堂指针等，都是典型的哥特式建筑元素。

江北天主教堂为单钟塔式。教堂坐东朝西，即大门朝西，圣坛位于东端，在于教徒举行仪式时面对耶路撒冷的圣墓，是典型的基督教堂朝向。教堂的平面总体呈拉丁十字布局，为天主教最基本的教堂建筑形制。天主教廷规定祭坛必须在教堂的东端，且为了强调祭坛的中心地位祭坛向外做多边形突出，东西纵长 43.94 米，分别有钟楼、大厅、横翼（袖厅）、后厅（圣坛）；南北横长 20.58 米，横翼各开一道侧门。大厅南侧突出外墙专辟一间赵主教墓室，平面为方形抹八角。教堂设计源自哥特式建筑风格，西方文化特征明显，不过与西方纯正天主教堂建筑相比，其建筑形式已经产生一定的变异，生成一个中西方建筑艺术与技术交融的产物。

西方建筑元素主要表现为：教堂的外立面是哥特式典型的"三三式"分划，即整个立面横竖二个方向上都由三部分构成。横向由钟塔和两侧大厅山墙三部分构成，通过纵向墙壁很明确地分划出来。竖向将立面分为底部入口层、中部玫瑰窗层和上部的钟塔与尖顶三部分。底部设三道门，中间为正门，门上方雕饰八根短石柱，柱头用尖券相连。中部正门上方为一大玫瑰窗，两侧门上方各一小玫瑰窗。上部钟塔塔基四角以石柱雕饰，每墙面开二扇用立柱为框的尖券柳叶窗，立柱皆雕成科林斯式；塔基上方四面以一对小尖塔夹罗马瓷面大钟，盖典型的哥特式尖顶。教堂大厅与圣坛建筑外部未以飞扶壁形式出现，而是带尖细塔顶的扶壁墙支撑，尖细小塔林立，匀称地环绕在墙垣上。其在装饰元素上主要表现在门窗大量使用尖券结构，出现尖券门、尖券窗等。

本土传统建筑元素主要表现为：用中国传统纹样及楹联装饰室内墙面，在教堂里面中融入匾额、斗拱等等，对西方建筑元素做以中国意义的阐述。这些对中西方建筑文化的结合做出了有意识或无意识的探索，从建筑学的角度来看，尽管还不是很成熟，甚至有些怪诞，但是对于今天的建筑设计具有一定的启发作用。"既用东方的，也用西方的好看的建筑元素来打扮我们的建筑"。"利用传统的部件和引进的新的部件组成独特的总体"。当地传统建筑工匠的这种意识或无意识的探索，尚是初步，也无法上升成理论，但是这些宝贵的经验，对于今后这方面的探索具有一定的价值。这些早期对于西方建筑形式、建筑技术与当地传统的结合的尝试与探索，对于现今我们探索在全球化背景下的"建筑本土化"的建筑设计也具有启发与借鉴作用。

虽然苏凤文、赵保禄这两个熟悉而遥远的名字，早已从我们的世界里消失，但是，他们留下的这座神奇的建筑，却没有被人们遗忘。江北天主教堂反映西方建筑文化近代在宁波的传播、变异和中西方建筑文化在宁波的融合。

教堂不仅是建筑也是一段历史，包含了丰富的与政治、经济、文化、生活密切相关的历史信息。尽管江北天主教堂是与西方列强的侵略和压迫联系在一起的，这是宁波近代史中不可抹杀的事实，但是，历经了百年风雨至今依然保存完好，一方面印证了宁波近代史走过的历程，是宁波近代史的实证；另一方面，从中西文化特别是中西建筑文化的交流、借鉴与融合等方面来看，对宁波传统建筑的转型和近代城市建设，客观上起到了中西交汇、承上启下的促进作用。为此，对于宁波江北天主教堂建筑，我们应当给予正确的理解与宽容，并将其作为宁波近代优秀的建筑遗产加以继承。

研究篇

第一章　历史沿革

1. 宁波天主教及江北天主教堂发展历程

宁波，简称"甬"，作为海上丝绸之路著名的始发港之一，在国内外文化交流中占有重要地位。天主教在宁波的传入由来已久。据了解，早在350多年前就有天主教传入并发展的记载。

天主教亦称公教、罗马公教。16世纪，欧洲宗教改革运动的爆发使原有的天主教世界一分为二，传统罗马教会势力减弱。天主教以"欧洲索失，海外补回"为口号，将海外传教作为其振兴教会的一项重要措施。从此，基督教开始传播到世界各地，并真正成为世界性宗教。

在中国，"天主"一词是16世纪耶稣会传教士进入中国传教后，借用中国原有的对所尊崇的神灵的译称，故把在中国传播的宗教定名为"天主教"。在全世界大多数国家，新教、东正教、天主教统称为基督教。新教和天主教的教堂也有不同称呼，新教教堂称"礼拜堂"，而天主教教堂称"天主堂"。这一时期，天主教在浙江的传播如火如荼，发展较快，教徒较多。其天主堂正立面的牌匾一般都写着"天主堂"字样，教徒称其"天主堂"、"圣母堂"或"经堂"。

1628年（明崇祯元年）3月，葡萄牙籍传教士费乐德受宁波天主教徒王芳济之邀，自杭州来甬传教，开始发展信徒。至此，天主教在宁波有所发展，费乐德也成为天主教宁波开教第一人。

1640年（明崇祯十三年），意大利传教士孟儒望成为首任宁波天主教神父，并建有神父住房。孟儒望在任历时五年，其间入教信徒达560人之多。

1648年（清顺治五年），意大利传教士卫匡国来甬传教，曾于宁波城内建造天主教堂，但不久为清兵所毁，

宁波江北天主教堂鸟瞰图

5

具体地址无法考证。

1701 年（清康熙四十年），法国传教士郭中传与利圣学受命自江西来甬传教，居甬 20 年。其间，至 1713 年（清康熙五十二年），在药行街购地建造住宅和小教堂（现药行街天主堂位置），重新建立传教据点，开辟了教务。

1722 年（清康熙六十一年）雍正即位，清政府禁教，毁教堂、戮教徒，使天主教遭受到严重打击。后至乾隆、嘉庆年间，宁波天主教教务逐渐走向衰落。

1840 年（清道光二十年），鸦片战争以后，根据中英签订的《南京条约》，英国割占香港，开放广州、福州、厦门、宁波、上海五大通商口岸，并允许在通商口岸租地建房、永久居住。1844 年（清道光二十四年），根据中美签订的《望厦条约》，规定可以在通商口岸建基督宗教教堂；根据中法签订的《黄埔条约》，除规定可以在通商口岸建造教堂外，还有保护教堂的义务。从此，西方各国基督宗教各派传教士蜂拥而至，在我国各地形成了一个兴建教堂的高潮。中国也正是在这样一个与西方列强不平等条约纷纷出台的特殊时期，各地兴建教堂的速度之快、数量之多、规模之大，都远远超出过去任何一个历史时期。由于宁波地理位置特殊，受到了西方传教士较大关注。法国一位神父傅圣泽曾于 1702 年（清康熙四十一年）在信中讲到："宁波的教务对我们很重要，不仅可以由此进入中国，而且可以由此到日本。"因此，宁波也是天主教传教的重点地区。

1842 年（清道光二十二年），法国味增爵会传教士顾芳济抵达宁波；1847 年（清道光二十七年）觅得郭中传原建教堂旧址，筹资重修楼房五间，上为临时教堂，下为住宅，为药行街天主教堂初步奠定了基础；1850 年（清道光三十年），顾芳济任第二任浙江省代牧主教，遂以此为主教座堂，常驻宁波。当年便购进江北岸土地，并于翌年开始建造小圣堂，开设了医院、施药局和育婴堂等。1854 年（清咸丰六年），顾芳济建造药行街天主教堂，但一年后教堂坍塌。

1855 年（清咸丰五年），法国籍传教士田嘉璧任浙江省代牧主教，从定海迁居宁波。1860 年（清咸丰十年），于药行街重建天主教堂，定名为"圣母升天堂"，与此同时建造神父住宅楼（即现药行街教堂东首二层楼，于 1900 年（清光绪二十六年）毁于火灾，后在原址上重建）。1868 年（清同治七年），药行街天主教堂增建钟楼。

1870 年（清同治九年），法国籍传教士苏凤文任浙江代牧区宗座代牧，驻扎宁波。自此，江北天主教堂进入了较快的发展期。1871 年（清同治十年），代牧苏凤文开始兴建江北天主教堂，定名为"圣母七苦堂"。1872 年（清同治十一年），江北天主教堂建成。与此同时，相邻的备修院也于同期竣工。两幢建筑的落成为现存江北天主教堂建筑群奠定了基础。1883 年（清光绪九年），代牧苏凤文因病去世，葬于宁波江北天主教堂。

1884 年（清光绪十年），法国籍传教士赵保禄接任浙江省代牧主教，共在任 42 年。直至 1926 年（民国十五年）赵保禄去世前，江北天主教堂一直都处于繁荣时期。其间，先是增建了钟楼尖塔（建造年份待考），

远眺教堂（拍摄于 1861 年之后）

备修院（今外滩会馆，没有看见教堂的钟楼）

远眺教堂（拍摄于1880年之后）

教堂的钟楼（拍摄于1910年）

后又扩建了主教公署、藏经楼等辅助用房（建造年份待考）等。是时，正值中法战争，清廷降旨保护教堂，乃得相安无事。

1926年（民国十五年），赵保禄卒于法国巴黎，遗柩由法国政府照会北京政府运回宁波江北岸天主教堂安葬。

1927年（民国十六年），法国籍传教士戴安德继任宁波代牧主教。至此，宁波天主教开始逐渐走向衰退期。1947年（民国三十六年）6月，宁波代牧区改为宁波教区。

1951年，宁波江北天主教堂被部队借用。1953年，戴安德因犯间谍罪被批捕。1954年，戴安德被驱逐出境，王耀源神父任代理主教。1955年9月，施伯庐任代理主教。1958年6月30日，成立宁波市天主教爱国会，江北天主教堂被中马街道工厂占用，其余教堂建筑（包括主教公署、本堂区等）均由某部队租用，作为招待所。1960年，舒其谁任宁波教区第二任主教。1966—1976年，天主教会停止一切宗教活动，神职人员均被下放改造。

教堂与钟楼（拍摄于1876—1899年，但是主教公署、藏经楼及神父住宅均未建造）

1979年12月重新复堂，改名为"耶稣圣心堂"，宁波教区和宁波天主教爱国会均设于此。1983年，舒其谁主教去世，贺近民任宁波教区第三任主教。与此同时，江北天主教堂被公布为江北区区级文物保护单位。1984年8月，天主教宁波教区同驻甬某部队达成江北天主教堂产权转让协议，并由部队确保天主教堂建筑本体不受任何影响，此协议得到统战部门的大力支持和市政府认可。

1985年，江北天主教堂建筑群中的藏经楼及更衣室被拆除，另外，驻甬部队还拟于原招待所旧址基础上改建成十二层高级招待所。市文物部门获知后及时采取有力措施予

主教公署和神父住宅（拍摄于1930年之后）

以制止，并与当地部队领导反复沟通协商，在部队工程款已落实到位、筹建班子已组成，并定于下半年破土动工的情况下，最大程度地保证了天主教堂的完整性和周边环境风貌。1989年12月12日，江北天主教堂被公布为省级文物保护单位。1993年，驻甬部队退还主教公署，由天主教宁波教区全面接管，收回出租住宅，并获得赔偿。

2000年，城市投资公司对江北天主教堂外观进行了整修，2001年3月工程竣工。2001年，江北天主教堂周边房屋被整体拆除后，建成外滩公园，使教堂周边环境得到进一步优化。2004年，贺近民主教去世，胡德贤继任宁波教区第四任主教。2014年，江北天主教堂主教堂失火。

2. 江北天主教堂历次维修变化

根据对江北天主教堂现存状况的实地勘察和深入分析，能够强烈感受到教区内建筑已然经历过多次维修，但是，目前教堂保存维修的档案资料却是一片空白。后又经走访咨询，了解到曾经经历教堂维修的工作人员现都已离世，现有工作人员则对历次维修情况一无所知。因此，原本想通过资料查阅和咨询调研直接获知历次维修记录的方法，已不能实现。

据此，我们转换调研思路，以相关可查阅的历史记载和其他信息为基础，通过现状勘察，循着建筑年代的发展，将后期修缮行为与原始遗存状态进行仔细对比，寻找建筑细节上的变化，从而获得有价值的建筑历史信息。通过分析研究，大致可划分为以下两个阶段：

（1）早期修缮工作

我们从相关资料中了解到江北天主教堂最初仅是一幢呈拉丁十字平面的建筑，并无钟楼。根据有关文献记录，钟楼尖塔建筑应建于1899年（清光绪二十五年）以前，但详细建造时期有待考证。

堂内拉丁十字的两短边耳堂处，设有二楼夹层，为唱诗班所用的唱诗台。在耳堂内有通往上二楼唱诗台的木楼梯，形制较陡。后来，由于该楼梯与教堂内的气氛格格不入，影响了教堂整个空间的利用和观感效果，故此拟改建通往二层唱诗台的通道。通过历史照片可以清楚考证，楼梯在钟楼建成之后被拆除，教会方面在北侧耳堂夹层旁另建了一处通往唱诗台的旋转楼梯间，而南侧耳堂唱诗台则是通过堂外与之相连的藏书楼二层外廊进入。

教堂内后部（西面）二层唱诗台与钟楼同时期建造，由于通往钟楼的楼梯解决了唱诗台垂直通道问题，故此不需要像耳堂木楼梯一样设置在教堂内部空间。

赵主教墓室的营造是在1926年（民国十五年）赵保禄主教去世以后。

根据教堂早期一系列的增减修缮行为，可以看到修缮工作并未对建筑主体产生任何影响，仅是进行了部分调整，增补了教堂文化。有些部位虽没有文字和数据资料记载，但是，设计人员抱着对历史探索研究的态度，通过逻辑分析和判断的手法对现场遗留的建筑痕迹进行推理和剖析，也算是一种有意的尝试。

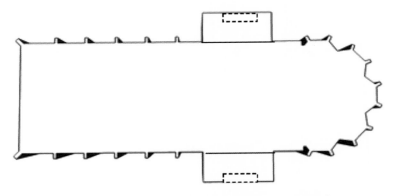

图为教堂最初时期（1871—1872）的平面形态

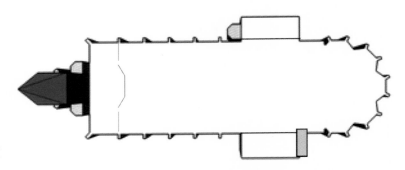

图为教堂早期（1884—1926）的平面形态

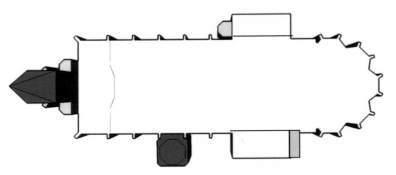

图为教堂1926—1949年平面形态

教堂布局历史变化示意图

（2）后期修缮工作

　　江北天主教堂从建成至今，已历经了140多年的风风雨雨，其间做了大量的修缮工作。但是，教会却不能提供任何关于教会房产建筑档案和历次修缮记录的资料。

　　经走访了解，原因主要有以下几个方面：第一，1949年至"文革"时期宁波教区规模一直在缩小，经费不足，使得建筑修缮基本处于停滞状态，因此，建筑修缮资料管理也基本呈停止状态。第二，宁波天主教区在20世纪50年代因活动减少，人员削减，将多余的房子借给部队使用，以维持教区正常开支，并且在20世纪80年代将一些教会房产廉价转让给了部队。部队则根据自己需要，重新进行了改建和修缮。重新改建和修缮的资料，在落实宗教政策将房子归还教区时，均未移交，加之时间间隔太长，随着部队调防或缩编，以致资料散失难以找回。第三，"文革"期间，教区神职人员大都受难，原始有价值的资料也基本遭到毁灭。第四，宁波落实宗教政策后，教堂经历过大修。但是，由于当时修缮管理不规范，致使一些原始数据采集工作、资料整理工作以及管理工作均不到位，资料遗失情况严重。第五，据了解教区内当时主管维修的工作人员都已作古，使得寻找修缮资料的线索基本中断。第六，目前主管教区

天主教堂修缮现场

的工作人员基本上是新来的，对教堂以往修缮情况基本不了解。因此，基本上采集不到教堂修缮的历史信息。

　　由于无法获得江北天主教堂相关历史维修资料的种种原因，勘察设计人员只能通过相关经历人员的回忆介绍以及现场遗留信息判断和分析过去维修的基本情况。2004年，教堂曾进行过大修，具体内容主要包括以下几个方面：

　　①屋面修缮。根据江北区文物管理所提供的勘察照片，可以看到屋面修缮后，主要是将损坏的望砖调换为木质的望板。目前，现有屋面除了新调换的木望板外，还保留有一些保存完好的望砖，其规格为170mm×130mm×20mm。此外，教会对屋面瓦片也进行了翻修，除拉丁十字短边的屋面保留了筒瓦外，其他主堂屋面均采用小青瓦敷设。

　　②外墙面修补。主堂外墙为清水墙做法，其修补工作采用了砂浆加色的方法。

　　③堂内地坪重新铺设，垫高300mm。堂内地坪垫起高度有300mm，并重新铺设了地砖，与堂外市政建设地坪接通。

　　④室内装饰装修。对所有门窗、栏杆、木地板等装修项目进行了翻新修理，并重新进行了油漆。

　　⑤重新更换并敷设电路管线等。

　　此外，经教区主教介绍，2014年初，施工单位曾对主教堂屋架内原吊顶采用的木吊筋进行了调换，改用镀锌金属吊杆，并对木板条平顶重新进行了粉刷。

未着火前屋面基层的材料木椽子和望板砖的照片

火灾后现场残留的望板砖（170mm×130mm×20mm）

未着火前后期更换的木望板及间距过密的木椽子，以及后期加固平顶的金属吊筋的照片

着火前后屋面存在着筒瓦和小青瓦两种瓦片材料的照片

曾经装修一新的内部场景

室内地坪开挖后测量的照片

3. 江北天主教堂历代主教简介

自江北天主教堂1871年（清同治十年）开始兴建至今，共历经六位主教，分别为法国籍主教苏凤文、赵保禄、戴安德和中国籍主教舒其谁、贺近民、胡贤德。其间，还出过几位代理主教。1954年，戴安德因"间谍案"离境，王耀源神父曾任代理主教；1955年9月，王耀源又被捕，由施伯庐神父任代理主教；1983年2月13日，舒其谁因病去世，柴日昶曾任代理主教。

（1）苏凤文 Edmand Francois（1825—1883），法国遣使会士。1868年（清同治七年）12月，升任北京教区代牧。1870年（清同治九年）6月28日，调任浙江代牧区宗座代牧。同年12月8日，到宁波上任。1882年（清同治八年），苏主教视察教务后得病，经治疗一直未见好转。1883年（清光绪九年）8月8日，因病去世，享年58岁。

苏凤文主教认为天主教本身有着无比的生命力，不需要依靠任何外力。他接任后，不轻易涉讼，积极投身教会建设。1870年（清同治九年），在宁波城内建设若瑟医院，仁爱会修女在杭州开办诊所。1871年（清同治十年），杭州天主教医院开幕，宁海县天主教开教。同年，在宁波江北兴建天主教堂，定名为"圣母七苦堂"。1872年（清同治十一年），江北天主教堂建成，与此同时，相邻的备修院也于同期竣工，两幢建筑的落成为现存江北天主教堂建筑群奠定了基础。1873年（清同治十二年），在舟山朱家尖兴建天主教堂等。截止1883年（清光绪九年），据统计，浙江代牧区当时共有大堂8座、小堂35座、祈祷所80处、男校33所、女校10所、孤儿院3所、男女医院各3所、神父15人、仁爱会修女15人、教友5191人。苏主教每年均会到各总堂视察一至两次，具体指导各地的教务开展。

法国传教士与当地官员

法国传教士与当地士绅

远眺宁波江北教堂

宁波毓才学校

（2）赵保禄　Paul Marie Reynaud（1854—1926），法国遣使会士。1879年（清光绪五年），赵保禄来到中国。1882年（清光绪八年），任小修院院长兼定海本堂。苏凤文主教逝世后，赵保禄就任代理主教，1884年（清光绪十年）3月7日，选任浙东代牧区首任代牧，在位长达42年，是浙江代牧中任期最长的主教。1924年（民国十三年），浙东代牧区改称宁波代牧区。1926年（民国十五年）2月，病逝于法国巴黎。同年4月，依照主教遗愿运回宁波，葬于江北天主教堂内。

赵保禄主教在任期间，扩展教务、创办教会事业成绩十分显著。最为著称的有三件：第一，在宁波草马路建造庞大的教会建筑群，也是其在任期间最大的教会工程。1901年（清光绪二十七年），先在草马路购进5亩土地，次年又购进30亩土地，后又购进40亩土地。1903年（清光绪二十九年），在此创办了中西毓才学堂；1910年（清宣统二年）以后，普济院、保禄大修院、拯灵会总院、味增爵小修院和育才学校等教会建筑又逐个落成，规模相当宏伟壮观。第二，先后在绍兴、上虞、衢州等地创办中法学校，培养人才。比如1912年（民国元年），在绍兴开办培德小学；1916年（民国五年），在宁波开办懿德女子小学，同年，在仙居也开办了学校。第三，积极捐款参与救灾工作，救助灾民。1912年（民国元年），绍兴遭受自然灾害，农作物严重歉收，捐款12万法郎；1917年（民国六年），北方水灾、浙江连续遭受台风洪水等自然灾害，均捐出大批救灾款。赵保禄的救灾举措获得社会各界赞誉，曾获教皇御座大臣衔、清政府的双龙二等宝带、中华民国政府的四等嘉禾章，后又被中华民国政府授于二等嘉禾章和法国政府的荣誉十字勋章。当时，赵保禄在宁波权势显赫，民间俗话讲："道台一颗印，不如赵主教一封信。"

除此之外，赵保禄在任期间的教会工程还有在宁波江北天主教堂增建钟楼尖塔、主教公署、藏经楼等建筑物；1911年（清宣统三年），在余姚兴建若瑟堂，在浒山设祈祷所，在宁波建白沙堂；1912年（民国元年），在松厦建天主堂，在绍兴设拯灵会分院，并开办培德小学；1913年（民国二年），在诸暨横山杨家楼建天主堂，在临海天主堂加建钟楼，在温州开办童若望医院；1915年（民国四年），在沈家门设祈祷所，在东阳小西门购院设堂，在平阳建露德圣母堂；1916年（民国五年），在天台重建天主堂，在仙居购买土地建造天主堂和学校；1918年（民国七年），对宁波药行街大教堂进行大修，并加建高度为122尺的钟楼建筑，同年，还在诸暨高城头建天主堂，在苍南林家院建小堂；1919年（民国八年），在绍兴开办便民布厂，在新浦设祈祷所，在宁海重建凤潭堂，在瓯海开办育婴堂等；1925年（民国十四年），在象山建吉港堂，并在新浦成立分堂等。

在对他的悼词中有这样一段话讲道："他所创建各地教堂修院、慈善事业、中学、小学等教会事业，硕果累累。1884年（清光绪十年）他上任时，代牧区只有6000教友，在任期中增加50000人；开始只有6位中国神父，后来单宁波代牧区就有37人，经他祝圣的神父达到59人，拯灵会修女已有70人。"

（3）戴安德　André-Jean-Francois Defebvre（1886—1967），又名福瑞，法国人。1904年（清光绪三十年）抵华，在嘉兴文生修院攻读神哲学。1910年（清宣统二年）7月3日，在嘉兴晋铎，曾在定海修院任教2年，继到宁波城内传教，任大修院院长。1926年（民国十五年）12月23日，选任宁波代牧。1927年（民国十六年）5月10日，在宁波由胡若山主教主礼祝圣。1932年（民国二十一年），曾受法国政府授予十字勋章。1947年（民国三十六年）6月，宁波代牧区提升为宁波教区，戴安德任宁波教区首任主教。1953年6月，因犯"间谍罪"被依法逮捕，次年4月19日被驱逐出境。

戴安德在任期间，教会事业虽在持续发展，但已逐渐走向衰退期。1929年（民国十八年），在舟山沈家门兴建玫瑰堂。1931年（民国二十年）7月，在慈溪兴建道林堂。1932年（民国二十一年），在温州兴建盐舍堂。1934年（民国二十三年），在象山石浦改建新堂。抗日战争时期，教会建设基本停止。1947年（民国三十六年）6月，宁波代牧区提升为宁波教区，宁绍地区（包括舟山）共有14个本堂区、温州共有8个本堂区，神父80人。

（4）舒其谁（？—1983），1958年6月30日，宁波市天主教爱国会成立，舒其谁任副主任。1960年4月27日，舒其谁在上海受主教祝圣礼，后经教宗追认，成为宁波教区第二任主教，同年，被选为省人民代表。1966年，"文化大革命"爆发，天主教活动都处于停止状态，舒其谁主教及其他神职人员被下放劳动。1979年12月，江北天主教堂恢复宗教活动。1980年，舒其谁主教当选为宁波市爱国会主任。1983年2月13日，舒其

12

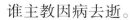

谁主教因病去逝。

（5）贺近民（1917—2004），又名贺绍宠，圣名弥额尔。1917年（民国六年）7月，出生于绍兴。1930年（民国十九年），入宁波增建小修院。1932年（民国二十一年）9月，开始参加教会工作。1936年（民国二十五年），入宁波保禄大修院读神哲学。1944年（民国三十三年），毕业并晋铎为神父，前往余姚传教。1951年，调到宁波江北天主教堂，1958年，被划为右派，"文革"期间，下放到甬江酒厂劳动改造。1970年平反。1981年，江北天主教堂复堂后，回到教区。1999年3月，被选为宁波教区教区长。2000年5月14日，贺近民祝圣为宁波教区正权主教，成为宁波教区第三任主教，也是上个世纪80年代宁波教区正式开放后的第一位主教。2004年5月4日，在绍兴逝世，享年87岁。

贺近民主教在牧灵和福传工作中，高度重视与时代同步，顺应神学发展与社会进步的要求；积极遵循梵二大公会议的精神。在教友心目中，贺主教是一位充满了福传热情的牧人，并懂得将自己的这种基督信仰激情传播给教友们。在他生命的最后4年中，共组织了三次全教区范围内的读经福传经验交流会。他鼓励教区内成立各基层圣经小组，提倡每一位教友都要勇于承担起传教的使命。

目前，教区内的男女圣召不断增加，现有13位年轻司铎，17名修生，教区拯灵修女会有发愿修女22位，初学修女3位。教区现有教友两万五千余名，比1980年翻一番，并且，每年仍以3%的增长幅度继续发展。在教区开展的丰富多彩的福传和牧灵工作推动下，宁波教区不断取得进步。

（6）胡贤德（1934—　　），圣名玛窦。1934年（民国二十三年）8月27日出生，籍贯慈溪市。1951年，17岁入宁波教区小修道院读书。1957年春，转学至上海徐家汇总修远。1958年9月，下放劳动。1965年，回家务农。劳教案平反后，于1985年春进入上海佘山修道院。1985年11月21日，于上海徐家汇大堂晋铎。1986年，回宁波教区做牧灵工作。1987年，到慈溪新浦堂服务。1999年，任宁波教区副教区长。2000年5月14日，有马学圣主教祝圣为宁波教区助理主教。2004年5月4日，就任宁波教区正权主教至今。

第二章　历史地位与建筑形制

1. 历史地位与作用

在中国建筑史上，人们通常将 1840 年鸦片战争爆发到 1949 年新中国成立的这段时间称为中国近代建筑时期，这一时期的建筑具有承上启下、新旧更迭、中西交汇、风格多样的特征。

建筑被看作是木头写成的史书、石头写成的史书，是凝固的历史。宁波是近代中国最早开放的通商口岸之一，在西方坚船利炮的裹挟中各种势力跨海东来，拔地而起的领事馆、教堂、教会学校、洋行等各式各类建筑折射了西方势力在政治、文化、经济等方面对宁波地区的渗透，向人们诉说着这个地区、这座城市近代历史的变迁。可以说，宁波江北教堂的发展史，在一定程度上代表了宁波的近代发展史，而与该建筑有关的历史事件、历史人物，便成为看得见、摸得着的近代史遗迹和活化石。

江北天主教堂组作为浙江等级最高、留存最完整的教堂建筑，由钟楼、主教公署、本堂区及若干信徒宿舍及生活用房组成，结构整齐，具有较典型的哥特建筑风格，被誉为浙江之魁。不但见证了宁波"五口通商"开埠之后，城市发展史、城市建筑史的脉络，更是带动了整个宁波江北区的形成。

2006 年 6 月被国务院公布为全国重点文物保护单位。

教堂建筑作为一种特殊的建筑类型，在中国近代建筑发展史中具有不可忽视的地位，这些建筑不论是移植西方建筑形式还是中西混合式，都客观、真实地记载中国近代文明进程，是近代中西文交流碰撞的重要历史见证。

江北天主教堂是较早出现在宁波的近代西式建筑，是中西方建筑文化交融的一个缩影，这栋风格别致的仿哥特式教堂建筑，凝聚了西方建筑师、神职人员以及中国宁波本地施工者共同的智慧结晶，更反映了天主教区在中国、在宁波的沧桑历史巨变。人们常说，建筑是凝固的音乐，建筑是文化的体现，我们今天研究这栋具有历史价值的保护建筑并不是简单地面对一幢用砖块和木料堆积而成的房子从中去索骥所需要的东西，也不是用猎奇的眼光去搜寻那些逝去的珍闻。我们希望通过对该建筑及围绕建筑发生的一系列的历史事件的研究，理出一根主线，增加其文化内涵，提升其历史价值。140 多年对于一栋建筑来说时间已非短，随着建筑生命的延续增长，其价值会越来越变得珍贵，对建筑的历史性、科学性、和文化性做一个深入的探讨和研究，以达到赋予新的历史使命的目的。根据前几节的分析梳理，我们可以归纳如下：从建筑的历史来看，它曾从明末到清朝到民国到新中国四个朝代和历史时期走来，经历了各个社会变故等事件。在建筑中蕴涵了许多的内在的联系和变化，通过这些事件的联系及变化，我们可以深入发掘其内在的价值、探讨研究其历史意义。

（1）建筑历史价值

西方天主教的传播和发展在我国（特别是五大通商口岸）的近代文明发展过程中占有重要的地位，虽然天主教堂带有殖民色彩，但它的出现客观上反映了宁波近代历史的变革，因此，我们可以通过宁波江北天主教堂建筑帮助我们研究西方天主教，在中国发展的整个历史和社会的发展过程，还可以通过它感受西方文化在中国发展的历程，并帮助我们了解中国宁波的近代史，同时因为有了这实实在在的实体，人们在考证研究历史时不再是凭空遐想，可以通过这栋建筑来理解了解历史，从它的身上来体会这些历史过程。

宁波江北天主教堂所承载的历史价值和影响是不容质疑的，因为它不仅客观真实地记录下宁波近代文明的进程，还能使我们从中获取更多，如历史、哲学、神学等知识与经验。中西方文化在不断地碰撞和交融的过程中，宁波乃至全国的传统建筑逐渐朝着多样化的建筑形式发展，所以分别从西方传统文化思想的演进历史进程以及西方传统建筑的演化进程等方面研究探讨，对研究宁波近代宗教教堂建筑是非常有必要的，可以为我国建筑理论领域的史料填补一定的空白。

（2）建筑科学价值

典型的建筑风格就像一块活化石，使后人能通过它研究建造时期的建筑设计风格、营造技术及其他相关技术问题。

在鸦片战争时期的大背景下，欧洲建筑正处于转型的重要时期，在这一期所形成的建筑风格为以后建筑的现代化打下了坚实的基础。欧洲的建筑师把这些具有鲜明哥特式风格的教堂建筑移植到宁波，并或多或少地都融合了中国传统建筑的文化元素，这些在建筑的一些细部、建筑的空间，甚至在建筑群体中所表现出来的严谨设计、施工精良，兼具强大功能，具备着重要的科学价值。

由于宁波江北天主教堂在江北岸老外滩历史风貌保护区内，其建筑风格和建筑形式的独特性形成了风貌保护的组成部分。宁波传统建筑的单体造型主要由台基、屋身、屋顶组成，长期以来一直以横向三段式构图作为传统的立面，而江北天主教堂建筑的单体造型是横竖三段式立面构图，这种横竖三段式建筑立面构图方式促进了宁波近代建筑的两种异质文化碰撞与交融过程中进行的新的探索。天主教堂建筑群以教堂为主体，其附属建筑如主教公署、备修院、神甫住宅楼等，这些建筑之间的组合关系没有固定的法式，但讲求经济实用、比例均衡，这种布局方式对按轴线对称设计、主次分明、群体组合为特点的宁波传统建筑向近代建筑的新的布局方式的探索提供了有益的借鉴。连续拱券结构、尖券门窗的砌作技术也有转型和近代建筑技术、建筑材料的变革与发展，起到了重要的促进作用。

（3）建筑文化价值

建筑是文化的产物。黑格尔曾指出：就存在或出现的次第来说，建筑也是一门最早的艺术。中外古典美学家历来都把建筑列入艺术部类的首位，将它与绘画、雕刻合称为三大空间艺术。建筑艺术是通过建筑群体组织、建筑物的形体、平面布置、立体形式、结构造型、内外空间组合、装修和装饰、色彩、质感等方面的审美处理所形成的一种综合性实用造型艺术，被誉为凝固的音乐、立体的画、无形的诗。

作为人类重要的物质文化形式之一，建筑是时代的一面镜子，它以独特的艺术语言熔铸，反映出一个时代、一个民族的审美追求。宁波江北教堂由于在宁波风貌保护区内，使得该建筑与风貌保护区内其他建筑有可比性，建造年代的差异、新技术运用的差异，带来了建筑文化内涵互有不同，呈现出文化的多样性，使得其有独特的文化价值，并且该文化与风貌保护区文化组成了一个整体。而在宁波的文化历史上，江北岸老外滩一带历来为西方外国人居住所开发，其文化具有其独特的历史含义，它又为中西文化交融与碰撞提供了支撑作用，为宁波的文明建设贡献了内在的文化价值。从艺术角度，作为西方宗教教堂建筑在宁波的典型代表，它以雄壮和寓意深厚的建筑造型，充满西洋风格的建筑雕塑，以及线条轻快的尖拱券、修长纤细的装饰束柱、挺拔高耸的尖塔钟楼和丰富多彩的彩色玻璃玫瑰圆窗，既体现着天主教宗教的神秘追求，也处处显现着近代西洋建筑艺术的美感，形成一道特立独行的异域景观。教堂不仅仅是建筑也是一段历史，包含了丰富的政治、经济、文化、生活密切相关的历史信息。尽管江北天主教堂是与西方列强的侵略和压迫联系在一起的，这是宁波近代史中不可抹杀的事实，但是，历经了百年风雨至今依然屹立不倒，一方面是印证了宁波近代历史的历程，是宁波近代历史的实证；另一方面，从中西方文化特别是中西建筑文化的交流、借鉴与融合等方面来看，对宁波传统建筑的转型和近代城市建设，客观上起到了中西交汇、承上启下的促进作用。

总之，宁波江北天主教堂建筑群，是后人了解西方建筑艺术史的一扇窗口，也是人们考察中西方文化交流的重要实物素材，更是宁波乃至中国近代社会多元文化下的历史见证，其重要的历史、科学、文化价值已成为共识。对其的保护是我辈的光荣，也是对后代所应尽的责任。

2. 建筑艺术特征

江北天主教堂为单钟塔式教堂。教堂坐东朝西，即大门朝西，圣坛位于东端，在于教徒举行仪式时面对耶路撒冷的圣墓，是典型的基督教堂朝向。教堂的平面总体呈拉丁十字布局，为天主教最基本的教堂建筑形制。东西纵长 43.94m，分别有钟楼、大厅、横翼（袖厅）、后厅（圣坛）；南北横长 20.58m，横翼各开一道侧门。大厅南侧突出外墙专辟一间赵主教墓室，平面为方形抹八角。建筑面积 795m²。教堂设计源自哥特式建筑风格，西方文化特征明显，然与西方纯正天主教堂建筑相比，其建筑形式已经产生一定的变异，生成一个中西方建筑艺术与技术交融的产物。

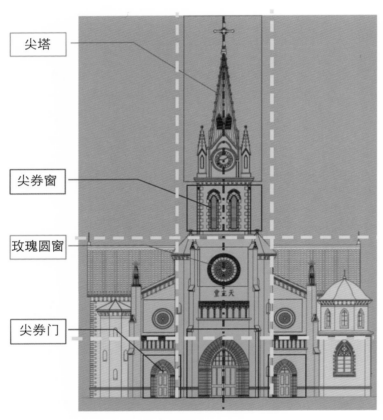

西立面三段式划分及细部
装饰示意图

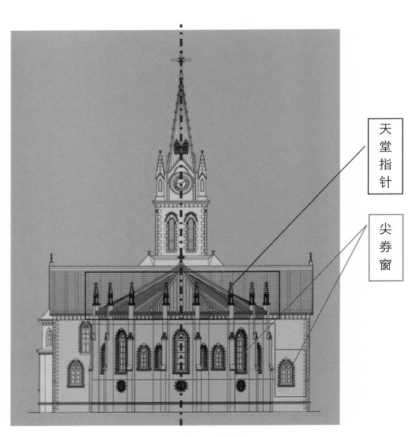

东立面对称形制及细部
装饰示意图

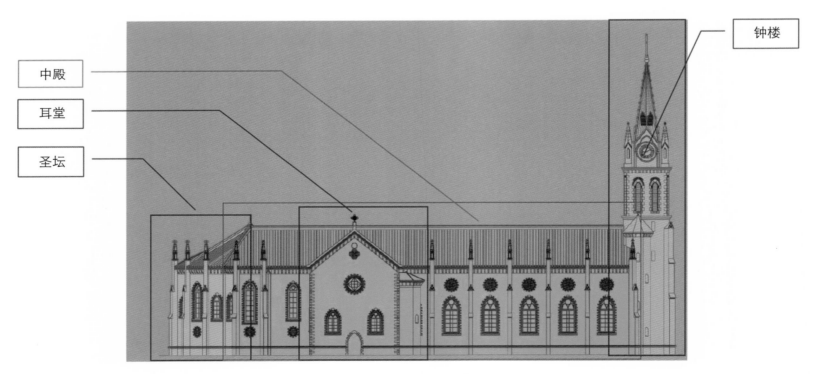

北立面教堂立面组成示意图

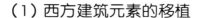

（1）西方建筑元素的移植

江北天主教堂西立面是哥特式典型的"三三式"分划，即整个立面横竖二个方向上都由三部分构成。横向由钟塔和两侧大厅山墙三部分构成，通过纵向墙壁很明确地分划出来。竖向将立面分为底部入口层、中部玫瑰窗层和上部的钟塔与尖顶三部分。底部设三道门，中间为正门，门上方雕饰八根短石柱，柱头用尖券相连。中部正门上方为一大玫瑰窗，两侧门上方各一小玫瑰窗。上部钟塔塔基四角以石柱雕饰，每墙面开二扇用立柱为框的尖券柳叶窗，立柱皆雕成科林斯式；塔基上方四面以一对小尖塔夹罗马瓷面大钟，盖典型的哥特式尖顶。教堂大厅与圣坛建筑外部未以飞扶壁形式出现，而是带尖细塔顶的扶壁墙支撑，尖细小塔林立，匀称地环绕在墙垣上。标志性的尖拱券和束柱哥特式建筑风格以尖拱券为突出代表，因此哥特式建筑又被称为尖拱建筑。尖拱券的结构独立性较强，对两边的墙面产生的侧推力较小，因此可以使建筑墙面不再那么沉重。另一方面在于利用尖券自身跨度调节，可以使不同方向上的十字拱券一样高，这样连续设置的尖拱券形式，就可以使教堂的室内空间上部得到一个完整、平滑的拱顶。江北天主教堂内部空间被两排柱子分为中厅和左右侧厅三个部分，侧厅高度接近中厅，形成广厅式的巴西利卡形制。教堂的内部空间原本应该是是一个三角空间，为了达到哥特式教堂的空间效果，建造者运用了很多哥特式教堂的建筑符号，用木材把原来的承重柱子包裹成哥特式建筑常见的束柱形式，中厅和侧厅内顶用木板和石膏按四分肋做成装饰性尖拱券系统。束柱从地面一直冲到尖拱顶两边的落拱点上，连续束柱与尖拱券的配合，既加强了教堂内空间的高耸感，也在视觉上连成一体，使教堂内部的艺术形式看起来浑然一体。

（2）建筑装饰上的西方元素

门窗作为立面的主要元素，对建筑立面起到相当重要的作用。在西方建筑中，尖券的使用频率非常高，也成为中国近代建筑的典型建筑元素之一。江北天主教堂门窗部位大量使用尖券结构，出现尖券门、尖券窗等，西式尖券既可作为承重结构，也可作为装饰使用。江北天主教堂的正门、侧门采用本地所产梅园石砌筑尖券结构。由于墙垣很厚，以致门洞很深，所以门洞向外抹成八字，排上一层层石质线脚，借以减轻在门洞上暴露出来的墙垣的笨重，也突出表现入口，避免建筑入口的单调性，产生层次感，显现入口的厚重之美，又能增加采光量。用连续小券做装饰带，门洞口抹成八字，而且在斜面上密排线脚，表达出罗曼式建筑风格特征。玫瑰窗是哥特式建筑中最具观赏特色的一个组成部分，江北天主教堂除西立面正门上方设置的圆形玫瑰窗外，侧门上方也各设一个玫瑰窗。玫瑰窗用青石雕框，卷叶纹饰边，木条盘成窗棂，嵌彩色玻璃，装饰风格上较西方传统玫瑰窗来得简洁，装饰性稍逊。牛腿是西方建筑装饰元素之一，与中国的斗拱有异曲同工之妙，可以避免柱子直立单调感，连接屋檐与墙体、屋檐与柱子。江北天主教堂建筑中，有许多西方装饰物出现，牛腿主要出现在檐口围绕建筑一圈布置，突出建筑屋檐，也出现在塔基与塔顶交接处。牛腿上下分别有一条红砖砌成的线条加强其建筑装饰效果，使得整座建筑丰富多彩，增加建筑艺术表现力。江北天主教堂以西方哥特式建筑艺术占主导地位，教堂的外部和内部向上的动势很强：轻灵的垂直线条统治着全身；扶壁柱、墙垣和钟塔往上分划越细，越多装饰，越玲珑，而且顶上都有锋利的、直刺苍穹的尖顶，所有的券都是尖的。总之，所有建筑局部和细节的上部都是尖的。因此，整个教堂处处充满着向上的冲劲，高直和空灵的建筑特性，既符合基督教天主教的教义，体现着建筑的精神功能，使人引起一种向上升华、天国神秘的精神感，也表现出近代哥特式建筑艺术的美感。

（3）本土传统建筑元素的融入

教堂是传教士带入中国的异域建筑，其传播和体现的是异质文化，因此不得不接受在新的地域环境中的考验和挑战。在长期缓慢发展的中国传统社会环境中，建筑形态的变化处于相对平衡，地方建筑的形式和风格较长时间保持稳定，因而地方传统文化的影响是强大的。西方文化的移植和渗透，虽然打破了中国传统建筑的静态演进模式，却也不得不"入乡随俗"，在某些方面做出相应的调整与改变，以适应一个完全陌生的环境。由于地域环境以及与之相关的乡土建筑和社会文化的影响和作用，教堂不可能完全体现其在欧陆本土的原初形态，而是"因地制宜"地融合了中国传统建筑的许多成分，采用了传统建筑的结构形式、地方材料和传统工艺，使之在新的环境中能够生存和发展。所以，宁波江北天主教堂是西式建筑技术与本土建筑技术结合而成的一种非单一源流的建筑技术体系，主要表现为采用中国传统木架结构，而维护体系以及室内外装饰则为西式做法；或采用西式建筑结构体系，如砖、石墙承重，而屋面、墙身的做法或构造处理采用中国传统做法。从建筑结构上来看，江北天主教堂的做法是采用中国传统技术容易适应的木构架抬梁式做法。这种做法自然形成了坡屋顶式的屋面，这样刚好契合了哥特式教堂的坡屋顶外形特点，只是坡度较纯正哥特式教堂坡屋顶来得平缓。木柱支撑梁架，以青石为柱础，附四根小柱成束柱状。内顶用木筋灰板条吊券顶，使教堂内部看上去似乎是尖肋拱券结构。仰望顶部，尖券从柱头上散射出来，束柱仿佛是尖券的茎梗，墙面、支柱、拱顶浑然一体，形成一种很强的动势。拉丁十字形平面尽端的后厅（圣坛）也采用抬梁结构，屋面为中国传统的攒尖顶。在建筑材料上也采用许多本土传统材料，如用筒瓦和小青瓦盖顶；墙体基本上使用中国传统建筑常用的青石筑基，青砖砌筑；宁波地产梅园石砌造入口，门窗、地板、楼梯与扶手均用木质材料等。总之，江北天主教堂作为宁波近代基督宗教建筑的代表，反映了西方建筑师对中国传统建筑文化深层内涵的独特视角，尽管他们注重在设计中运用中国传统建筑的形式语言，选择最引人注目的中国式屋顶，采用传统抬梁结构，然而他们还是习惯于从西方建筑设计构思的基本思维方式，从而形成了丰富多变的近代教堂建筑风格，成为中西方文化双向交流的典型范例。

3. 建筑的保护与利用

建筑作为一种艺术，其历史文化的无形资产不仅是在建造时或维护时所耗费的人力与物力，重要的是其历经长久的历史洗礼而形成的文化价值。对于这些建筑文化遗产的保护与利用，实质就是对建筑生命内容的延续与转换，在现代城市建设和社会发展中怎么使历史建筑的保护和利用，与它的社会生命质量和存在意义紧密关联是当今城市历史发展中重要的课题。

（1）对宁波江北天主教堂建筑的保护

对历史建筑文化遗产保护、文脉延续不仅仅是文人墨客的笔著、专家学者的呼吁、法律规范的界定、市场经济的商机，也是我们建筑装饰企业的历史责任，同时也是建筑装饰企业提升自身文化素养的良机。

对于历史建筑的保护修缮过程中，我们要掌握的不仅是修缮保护技艺水平的高低，更要理解保护建筑历史价值的延续和体现的思想，将建筑保护、法律条款与旧建筑改造修缮市场商机结合起来。体现修缮使旧建筑功能改善，商业策划基于保护手段和复现建筑历史续写及修缮技术改进并举。

1）法律法规的遵循

根据法律法规的解读来定义宁波江北天主教堂保护的范围和保护方式，在目前无疑是非常明确而又规范的途径。从国际宪章、国内法律到地方条例，其所规范的保护范畴随时代的延续而逐渐宽泛，从单幢建筑到建筑的周边环境直到今天整个街区风貌的保护。

2）保证结构体系的安全

由于历史建筑的保护修缮所遵循的"开发利用、展现代功能、承原貌旧史"的原则，其内部空间的平面布局在尊重法规、设计要求的情况下，必然进行不同程度的改变，建筑肌体也要采取不同程度的拆除与加固。宁波江北天主教堂经受岁月沧桑在多次修缮后，已饱受了伤筋动骨之苦，承体无完肤之状，其结构受力体系已完全混杂错乱。此时，维护结构的坚固性合乎现有抗震、消防等强制性规范的要求是首要工作。

修缮的安全性要遵循以下几点：

结构的安全性鉴定：对于法定机构鉴定的结构各项有效数据结果是指导建筑局部拆除、加固施工方案的首要依据及重要安全保障。

设计的合理性：弱化逻辑思维的设计方案，注重装饰效果而无视结构的实际承载力，必然导致方案缺少存在的合理性与可行性，也将导致结构安全性受到危害和隐患。在现行施工规范及技术工艺的指导下，首先满足现有建筑规范规定对结构安全性能的规定前提下，尽量满足装饰设计需要的空间布置和装饰效果。

结构受力组合的体系：结构受力的体系有三种，完全利用原有承载力进行加固；对原结构加固的基础上由新老结构共同承担承载力，完全脱离原结构由新结构承载。

几种常用加固方法：

钢结构加固：外包钢加固法、粘钢加固法、套箍加固法。

混凝土加固：增大截面加固法、植筋锚固加固法。

碳纤维加固：受拉受剪增强法。

喷射砼加固：喷射混凝土加固法、喷射环氧砂浆加固法。

预应力加固：局部预应力后张法。

抗震加固：抗震摩擦阻尼器加固法和加设抗震柱和剪力墙加固法。

化学加固：采用乙基硅酸盐固结法加固石料散屑、化学灌浆加固法。

3）拆除工程新型施工机具的应用

宁波江北天主教堂的保护与利用，由于在功能上的改变，内部空间的重新组合，原有结构局部拆除工作不可避免，特别是旧建筑改造拆除时如何选用合适的先进机具，以智能化、人性化、环保化要求进行改进拆除作业方式是施工发展的必然趋势。目前在某些工种中采用的锤敲斧凿、风镐电锤的作业方式，将对修缮建筑物产生严重危害。对保证历史建筑修缮工程能达到安全、快捷、环保而采用新型的专用机具能起到事半功倍的良好效果。

几种较先进合理的建筑局部拆除方式：

连续钻孔切割机：采用连续钻孔的方法切割较厚的板材构件，适用于受到空间限制的墙地面拆除作业环境。

碟式切割机：根据不同厚度调整碟片切割方式，适用于大体量墙、板、梁等构件整块的切割作业，作业环境相对宽松的施工。

金刚链切割机：国际较为先进的建筑拆除机具，任意形状的切割，较少受构件位置、受力状态的影响，适用于墙、板、梁、柱不规则形状的切割作业。

大力钳：采用液压动力装置，拆除最大厚度400mm墙、板、楼梯等连续构件破碎方式的作业。

这些机具大多具有运行平稳、切面光滑、不损坏保留体，可控精度高、作业面小、噪音低等特点。

4）修缮方式的解读

在历史保护建筑修缮中，对修缮方式的理解，有助于我们了解设计师的设计意图和设计手法，有助于施工组织的更科学；有助于我们清晰的知道那些构件应该保存、那些应该保护、那些应该拆除、采用什么样的方法。首先对史料记载的掌握、历史价值的挖掘，对宁波江北天主教堂历史各个发展阶段的层理进行合理正确分析研究，才能确定保护修缮正确、合理的方案。

如对于宁波江北天主教堂遗留下的各个时期修补、加固后随建筑历史进程，演变成为建筑肌体上富有生命的印记，成为宁波江北天主教堂文化遗产有机的组成部分，对此部分的保护则可以显现及丰富建筑历史层面。

格式修复：就是修旧如故，是专注于对建筑风格的完善，将建筑肌体完全修复到原建时状态。一般对建筑肌体中非永久性建材，采用现代材料加工成原构件形状、尺寸，利用现代工艺将其表面处理成旧肌理的模式。这种修缮方式需要抹杀在各个历史时期改造时所遗留下的印迹，以及再造肌理与原物无视觉差异而较易造成戏说历史的局面。

原真式修复：就是修旧如旧，着重对历史文献的尊重。在对旧的进行修补或添加时必须展现增补措施的明确可知性与增补物的时代现代性，以展现旧肌体的史料原真性，进而保护其史料的文化价值。对于如斩假石之类的半永久性装饰粉刷及砖石竹木之类的永久性材料采取的做法。其原则是将朽坏糟烂；有害生物；污染痕迹进行剔除，清洗后采用与之相近和相同的旧材料修补残缺与破损部位，使修复达到"缺失部分的修补必须达到与整体保持和谐"的效果。

5）修缮技术的应用

历史建筑保护良好的修复效果脱离了技术和材料的应用是不现实的。一部建筑历史的发展可称其为建筑技术和材料的发展史。技术创新、工艺改进是建筑装饰施工企业发展永恒的主题，而经济、美观、适用、可行对新技术、新材料提出更高的要求，专业人员、专业技术、专业研究是历史保护建筑修缮的发展趋势。

修复工艺首先确立肌理材质分布在建筑物表面的位置、造型、尺寸及加工工艺方法特征，整理成文、拍照留档。原建筑肌体材料性能分析，分析材料的物理性能及形成原理。

分析肌体污染侵蚀原因及劣化的程度。原旧肌理存在的污垢污渍，根据材质及劣化程度的不同，分别采用不同的清洗方式：

喷砂清洗：采用清洗器喷水来清除石材或沉积物的污染。

微酸碱液清洗：利用15%的碳化氨浓缩液清除不同污垢的污染及磷酸铵＋磷酸清理局部的锈斑。

溶剂清洗：采用丙酮、硝基或除漆剂等溶剂清洗不同材质上的污点残迹。

干冰清洗：采用微颗粒干冰通过气压喷射至处理物，利用干冰低温膨胀及气压的作用清除污垢。

对永久半永久肌体材料的修复：

填补修复：对石料肌体破损及裂缝处的修补，及肌体表面凹凸纹理的缺损修补和安装件拆卸后表面产生的缺口，采用灌注胶结材料环氧树脂添加颜料修复。

替换修复：对于原肌理在各个历史时期不规则或不和谐的修补的替换。缺失修复：对于大面积肌体损坏后缺失部分的复制修复，原有缺损销钉锚固或按照同质材料加相应颜料修复。

6）现代工业设备符号与历史风貌有机的结合

将建筑遗产再次融入到充满生机与活力的经济文化中去，不仅是以地标的形式来维持城市历史意象的连续性，重要的使它进入了人们日常的生活供人们使用。现代功能符号很强的灯光照明系统、通风空调系统、消防报警系统、网络通讯系统等设施的安装，对于历史保护建筑表现古典美的形式，常常是格格不入，如内部消防栓的配置、空调外机的室外挂装。为了协调现代功能与历史传统的融合，达修缮前与修缮后的对比到展现代功能、承原貌旧史，修旧如旧、饰新溶旧的效果。

7）现代消防安全保护

古建筑是祖先留给我们的能体现古代建筑风格的遗产，具有不可再生性。我们应将消防工作结合文化遗产的保护，使文物古建筑的消防保护工作走上可持续发展的道路。

当今世界上对古代文化遗产的保护有两种形式："突尼斯"形式（完全保证古建筑的原貌）和"华盛顿"形式（保证古建筑的外观，根据现代的生活方式改变内部需要）。因此，宁波江北天主教堂的消防保护也应该遵循这两种保护形式，用发展的眼光去看待古建筑保护。

8）发动文物保护志愿者的力量

根据《国务院关于进一步加强文物工作的指导意见》发布，明确"制定鼓励社会参与文物保护的政策""培育以文物保护为宗旨的社会组织，发挥文物保护志愿者作用"。

江北天主教堂虽然遭遇火灾事故，但由于文物部门前期较为详细的"四有"记录档案资料和测绘工作，以及灾后的现场遗存，故此仍能较准确的完成勘察设计工作，并依据相关勘察设计进行保护修缮。

修改工程于2015年6月28日进场正式开始实施，主要包括：

①屋面部分复原。拆除已焚毁屋面残留构件（包括瓦片、望板、椽子、檩条及抬梁结构）；检查下部受力支撑结构（包括墙体、新立木柱及檐口花饰托架）完好程度；新立抬梁结构，安放檩条、椽子，铺设望板和青筒瓦，重做筒瓦屋脊；新做白铁皮斜沟、靠墙泛水等；修理屋面装饰构件（包括石质檐口花饰托架、天堂指针等）。

②钟楼及赵主教墓室屋面维修。检查过火后屋面完好程度，依据损坏程度进行维修，维修金属板塔尖屋面，维修钟楼砂浆屋面及花饰线，维修混凝土楼梯间及墓室屋面，维修屋面装饰构件（包括石材制品的檐口花饰托架、天堂指针）。

③外立面修缮。清水墙面（包括青砖、红砖）维修，外墙装饰特色部位维修（包括清水墙门窗套、清水墙装饰拼花、砂浆窗盘、砂浆勒脚、石材勒脚线脚、墙体石材护角、石材门套线脚、石材装饰窗套、石材装饰线脚、石材装饰柱子、石材装饰小尖顶等），外墙面寄生物清理与整治，外墙面历史原貌恢复（包括原有门窗洞口的恢复）。

④门窗修缮。原有木门窗维修，损毁门窗重新制作，百叶窗维修，彩色玻璃的保护与维修。

⑤墙体修缮。检查墙体结构的完整性，检查和维修墙体避潮层。

⑥室内维修。拆除室内过火后经检测已达不到使用要求的构件（包括木结构柱体、包在木柱外面的装饰柱、残留吊顶等），铲除损坏的墙体粉刷层、凿出地砖等，检修阁楼，重新吊室内平顶，新立支撑结构木柱，并恢复装饰柱饰，整修墙面粉刷层，并做内墙涂料，重新铺设地砖，拆除钟楼内受损严重的各层阁楼，按原样重新搭建，根据教区要求恢复教堂内装饰和布置。

⑦教堂机电部分修复。根据现行国家标准规范要求，增设消防喷淋系统，教堂内照明及音响等其他弱电系统，增设分体空调系统。

（2）对宁波江北天主教堂建筑的利用

充分认识教堂保护开发在城市建设中的地位和作用。从党提出的"弘扬中华文化，建设中华民族共同精神家园"的战略高度，切实把教堂的保护开发纳入城市建设的总体规划。

①恢复宁波江北天主教堂的"教堂功能"，在吸引教徒的基础上，繁荣教堂日常业务，即拉动本地婚庆等浪漫产业。

②深度开发旅游业，提升本地人文气息。从古至今，宗教和艺术是人类文化的重要组成部分，并凭借其独特的魅力与特色，对旅游业发展有着其重要的意义。

4．关于宁波江北天主教堂建筑细节的探讨

（1）教堂屋面铺设的瓦片是青筒瓦还是小青瓦

分析由江北区文保所提供的未着火前的屋面照片，以及根据现场勘查结果，可见教堂屋面的瓦片有两种类型瓦片：

①在主教堂的屋面上铺设的瓦片为小青瓦。

②主堂挑出的左右两侧耳厅上的屋面铺设瓦片为青筒瓦。那么教堂屋面的瓦片难道历史原状就是这样的状态？我们可以想象一下当初在建造天主大堂时，教区声势浩大募集了大量资金，为众信教友建一座能仰望圣母的教堂，这座圣殿是教友们的心灵中的寄托和安慰，它能保佑众生安宁和平安。它是一座完美无缺的神殿，屋面上铺放两种瓦片的做法，岂不亵渎了心中的神灵。

那么如果不是两种瓦片共存的话，有可能是小青瓦吗？

小青瓦在江南一带是常见的屋面铺瓦材料，一般多见民居屋面，在教堂的屋面上铺小青瓦也是常有的事，而采用这种屋面的教堂一般规模较小、且教友也较少，或者是一个新兴的传教之地，受资金费用紧张等因素限制。像本案圣母教堂这类大堂在建造时，一般都会参照公共建筑的标准，而当时的大型公共建筑，如庙宇、城楼、牌楼、书院等屋面一般都较多采用筒瓦屋面。

教堂是公共集会的地方，建造时没有理由不采用显示气派的青筒瓦，而采用一般民居所用的小青瓦，选用小青瓦似乎有悖人情常理。

右边耳厅屋面
为青筒瓦屋面

小青瓦屋面

未着火前的南立面及屋面的现场照片

左边耳厅屋面
为青筒瓦屋面

小青瓦屋面

未着火前的北立面及屋面的现场照片

着火后南面耳堂残缺的青筒瓦屋面的
现场照片

留存现场表面风化严重青筒瓦的照片

着火后北面耳堂残缺的青筒瓦屋面的
现场照片

（2）椽子上铺设的屋面板是望板砖还是木望板

此问题的提出是鉴于对江北文保所提供的未着火前屋面内部照片的分析，照片显示原来屋面结构中木椽子上铺设的屋面板有木望板和望板砖两种，对于这个问题中的事实情况反映了教堂屋面已历经过大修，因为在一个屋面中共存有两种材料工艺做法，似乎不会是历史原状情况，这种做法只能是后期行为。两种材料的混用是鉴于当时某些原因的考虑而为之，是工程费用原因、还是施工质量保证的因素，或者是对文物原真性保护的考虑，将历史的真实性的材料留存下来留给后人考证。

很可惜，由于教堂的屋面已被大火烧至殆尽，现今现场焚毁的屋面材料也基本清理干净，我们在现场也只搜寻到寥寥一些物证，那么我们那否通过理论分析来找出其历史性的真实情况吗？通过这种分析来寻求此次恢复修缮屋面时一种最为科学合理的施工方法和工艺呢？答案是肯定的，同时也是必须的。

首先，先将我们的思绪回到 140 年前，如果当时在建造这样一座教堂时，屋面瓦片下面铺设层会采用怎样一种建筑材料呢，是采用木望板还是望板砖呢？我们虽然有很多理由认为采用望板砖的可能性较大一些，但在没有对这两种材料进行分析，就贸然下结论，这不是一种科学的分析方法。

近现代建造房子时如果采用木结构屋架的屋面时，较多采用木望板，作为铺瓦的底板。但是在铺瓦前一般会在木望板和屋面瓦片之间铺设一层防水层（油毡），这是因为瓦片和窝瓦的砂浆属于透水性的材料，如果不用防水层进行隔离，瓦片和砂浆吸入的水会慢慢渗到木望板上，我们知道木望板一般较薄，在潮湿的环境中容易吸潮霉变和蛀烂，似乎这种情形不太可能会产生的，要知道在当时油毡材料还未使用。如果不是木屋面板那只可能会采用望板砖铺设在木椽子上，望板砖好似守护屋面结构的卫士，它能对外将屋面瓦片和砂浆渗透毛细孔的潮气吸收掉，从而保护了木椽子。对外它又有将室内超过正常状态的气流透析出去，使得室内和室外的气流产生局部平衡，有效地保护了建筑内部的构件。

从江北文保所提供的未着火前的照片分析，屋面椽子的间距正好是一块望板砖的长度，约 180mm 左右，铺木望板处椽子的间距也约为 180mm，如果真的是铺设木望板的话，椽子的间距不必这么小，它完全可以通过计算而布置椽子的间距，因为此时设定椽子的间距已不受望板砖长度的影响和束缚。

相反过去在修缮本教堂时，采用木望板，不是一个最佳的选择方式，虽然屋面的内部情况已不再能显现，但在铺设木望板的上面是否会加上一层防水层。如果真的有那么一层防水层，那么屋架内部与外界基本隔绝，虽然在大堂两侧的耳厅墙面上开了很小面积的通风口，但是杯水车薪很难解决屋面内部气流的排放。如果事实真是如此，那么使得屋面内部情况的危险度提高，有可能导致事故的发生。

因此，在本次修缮时，拟恢复屋面的望板砖。

椽子之间搁置的
为望板砖

椽子上面铺设的为木望板，
木椽子也已更换

未着火前屋架内部的现场照片 1　　　　　　　　　　未着火前屋架内部的现场照片 2

椽子之间搁置的
为望板砖

未着火前屋架内部的现场照片   火灾现场留下的望板砖尺寸的照片

（3）建筑的屋架结构和尺度形式遵循中国古建的营造法式吗？

一把大火将教堂建筑中的屋盖全部烧光，它不仅烧光了留存140多年的物体，也烧光了留存至今真实的历史痕迹，因为通过它我们可以了解当时科学技术发展水平，可以了解当时的设计技术水平，还可以通过它来认识当时的设计者对建筑文化的理解和认识。

从留存下来有限的照片和测绘图纸资料中分析，该建筑融入了西方和东方建筑的文化，虽然欧洲建筑文化体现了完美性，但是设计者在设计建筑屋面形式时，不知什么原因，没有采用人们所熟悉的哥特式建筑的陡坡屋架形式，而选用了似中国古建筑屋面的样式，屋面内部的屋架结构也采用了抬梁式结构。那么它的这种建筑屋面形式与中国传统营造法式相一致吗？换言之它的屋面形式（屋面外形）是否按中国传统的建筑规则设计呢？我们可以通过现有保存的照片资料与经典的营造法式图则做个对照，分析其中的内在联系，并把这分析研究的结果运用在欲恢复的教堂的屋面修缮工程中间去。

该教堂建成于1872年（清同治十一年），正处于清朝时期，清代时期建造房子时有较严格的等第观念，对建筑的样式、用材和色彩都有一定的规定，同时对建房的结构形式和屋盖的做法都有其明确的营造方法和规定，就像我们现在建房时国家有设计规范和标准那样。我们不知道当时在建房前需申报哪些手续，在建造房屋时设计师和施工人员（工匠）之间的相互依赖关系。但是通过保存下来未着火前的建筑照片中透出的信息分析，可见设计教堂的设计师在建筑的外形及样式上基本上沿袭了传统的西方建筑文化，墙体厚度的加厚，建筑围护结构采用护壁砖墙承担等，清水墙中用用青红砖相间砌筑的手法，都属西方建筑文化在该建筑中的体现。而在设计屋面时，设计师可能被中国传统建筑的屋面形式所感染，将这一形式运用到该建筑的屋面上去，通过照片资料发现，原设计屋面外形时，没有完全按照清代工部工程做法中规定举架样式行事，屋面的坡面似一条正弧线架在建筑的屋顶上。因此当人们在初识该教堂时，不像人们所熟悉的中国古建筑有气势屋顶那样肃然起敬，而只是感觉是一个很平常的屋顶。从建筑屋面外形中我们可以猜想，当时建筑设计师虽然被中国古建筑的魅力所征服，但是在学习运用中还是没有发现其中的奥秘，因而形成了一个具有独特的中西结合的屋顶形式。

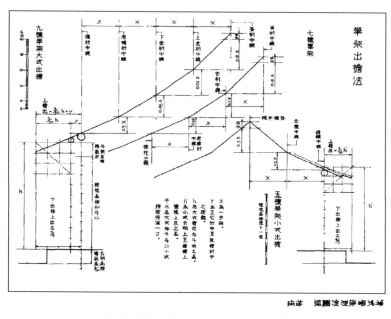

《清式营造则例》中举架的举高做法

着火前屋面轮廓的现场照片

（4）教堂右首（南面）耳堂夹层处开门未有通向外面的通道？

在我们实地勘察中发现了这样一个情况：

在教堂右首（南面）耳堂夹层处有一扇开向室外的木门，但该门通向室外没有任何通道可以通往别处。是什么情况造成现在这样的情形呢，这扇门是留还是需要封闭掉呢？历史的情况究竟是怎样的呢？

带着这个问题我们查阅了有关历史的资料，从这些资料中可以反映出该门的历史变化的情况。

其中一张早期的历史照片中，反映了在该部位原来是没有这扇门的，这说明这扇门是在后期开的。

原来建筑拆除的痕迹

圆窗改为了门

2014年5月拍摄的测绘照片（江北文保所提供）

江北天主堂教区用房总图显示在 1949 年后，教区的基本平面布局，图中显示与教堂南面耳堂相连着一幢藏经楼，藏经楼东面有一条外廊可以通向教堂的这扇后开的门，而右下图的照片中恰恰反映了主教府与该外廊的关系。该照片所拍摄的情景正好与总图布置情况相吻合。

我们可以想象一下，当唱诗班的修女通过主教府的楼梯间，穿过阅览室的二层外廊，再转折来到藏经楼的外廊，进入这扇"现在毫无利用价值"的门。来到了教堂内耳堂的夹层内，沉下气，慢慢地呼吸，将自己融入在圣殿里，然后在心灵中倾听圣母对她的呼唤，用自己的歌喉倾诉对圣母的爱和依恋。

很可惜这样的情景现已难现，曾驻扎在此的部队在 1985 年时由于使用上的需要，将两层楼的藏经楼和阅览室拆除了，代之以在原址上另建了两栋连在一起的毫无美感的二层建筑。现在要进入教堂，只能通过这二栋建筑的屋顶，然后推开教堂由窗改为的门躬下身，爬入到教堂的夹层内。

开向室外的门无通道

此张照片中此处无门

2014年5月拍摄的测绘照片（江北文保所提供）

藏书楼尚未建前的历史照片

此图显示藏书楼二楼有外廊通向此门

该历史照片显示藏书楼二楼通向此门外廊的样式

1949年后江北天主堂教区用房总图

1911年前的历史照片

（5）教堂两边耳堂最初人们是怎样上去的？

分析了"勘察报告"并勘查现场后，有一个事实值得注意：所有问题都集中反应到一个部位——教堂的耳堂，在此部位山墙墙体发生弓突现象，在此部位墙体有倾斜现象，该部位还存在不均匀沉降，那么是什么原因造成这些现象发生的呢？难道是原始设计考虑不周全，或者说这里地基不稳定，还是另有其他原因呢？

我们在踏勘现场时，发现了这样这样一个事实，北面耳堂部位的木结构夹层楼面已烧毁坍塌，墙上只留下一些曾搁置木楼面搁栅孔洞的痕迹，但很奇怪的是，分布在山墙上的均匀搁置搁栅孔洞，两边都均匀地排列着，而到了中间却没有了，即在楼面的中部没有搁栅搁置在山墙上的痕迹。是什么形态使得会产生这样一种结构形式呢？答案似乎是：楼面开孔只有楼梯间这种形态才符合这种特征。因此我们有理由认为最初建造教堂耳堂夹层时，楼梯是直接搁置在楼面上的木爬梯。用这样的分析方式来推理南面耳堂夹层为什么会没有楼梯间，也是合理的。

有了这前因,后面的一系列事实的推论都顺利成章了。首先当时的主教根据需要,要求拆除了通向夹层的这两个楼梯,恢复了楼面,然后在北面耳堂边增建了一个能通向夹层的旋转楼梯间。南面耳堂在东侧墙上增开一扇门,进入耳堂则通过藏经楼二层平台进人。正因为这些前期和后期的建设行为,使得现今在房屋检测中出现了一系列不正常的建筑变形数据,产生这些非正常数据的原因有待后面建筑损害成因分析章节中进行讨论分析。

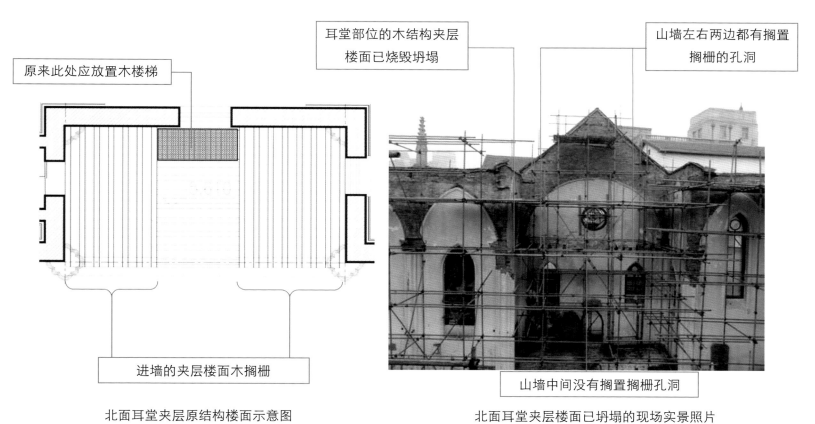

北面耳堂夹层原结构楼面示意图   北面耳堂夹层楼面已坍塌的现场实景照片

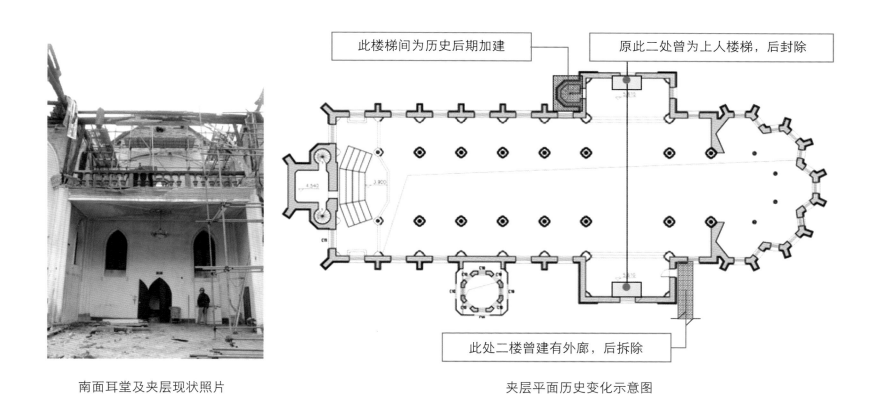

南面耳堂及夹层现状照片   夹层平面历史变化示意图

（6）教堂室内地面抬高的原因

经现场勘察和资料分析，并考证了相关历史资料。有一个事实不容忽视——今天的教堂与建造之初的教堂相比，身影已变矮了。是什么原因造成这个结果呢？是沉降吗？是市政路面抬高吗？还是有其他什么原因造成呢？

在讨论这个问题前，先来看一下教堂现在所处的情况。经教堂的神父介绍，因受市政道路路面抬高的影响，教堂室内地坪已整体抬高了 300mm。现状经勘察，钟楼处大门的室外地坪与室内地坪基本持平。教堂原始的室内外高差有多少呢？为寻求准确数据，我们请专业的地基勘探公司进行了地基勘察。并在教堂的一些相关位置进行了地面开挖，以寻求原始的建筑高度和周边的相关关系。

在钟楼的大门处经开挖：显现室外地坪比原先抬高了 500mm。在现有室内地坪标高基准面下 350mm 左右高度发现有一块 600mm 宽的石板台阶。

在室内地坪也进行了开挖：显现室内铺地垫高了约 300mm。

在对北面耳堂门前的地面进行开挖：显现原室外地坪抬高了 550mm。

在对建筑东面地面开挖：显现原室外地坪抬高了 800mm。

再对主教公署门前的台阶开挖，露出了被湮没的原始台阶。根据地基勘察报告提供的数据，教堂建筑场地回填土的厚度：自钟楼门前（教堂西面）杂填土厚度为 0.700 米厚，而至教堂东面的杂填土厚度为 1.800 米厚。根据数据分析，教堂建堂时周围的室外地坪原为带有坡度的地坪，靠江边路面低，远离江边路面高。后来由于靠江边路面抬高，教区里面的路面也相应的抬高，2004 年由于市政建设又新一轮抬高了路面，使得教堂室内地坪低于市政路面，迫于无奈，教堂只能加高室内地坪，与外面市政地面基本接平，以求得正常使用。

教堂室内外地坪接近持平的照片

教堂大门外地坪开挖后的照片

北面耳堂外地坪开挖后的照片

主教府门前台阶建造之初为 6 级

教区提供的 1911 年前主教府门前的历史照片

现在露出地面的台阶尚存 1 级半

2014 年 5 月拍摄的主教府测绘照片

主教府门前地坪开挖的照片

此处门外有台阶　　勒脚高度较高

早期教堂的历史照片

现勒脚高度缩短很多

2014 年 5 月拍摄的教堂测绘照片

数据显示地面抬高 800mm

教堂东面室外地坪开挖后的照片

教堂室内地坪开挖的照片

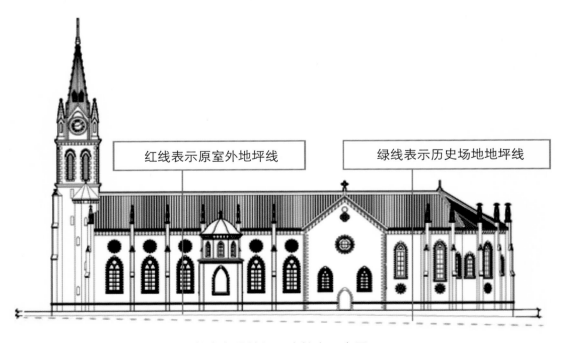

红线表示原室外地坪线　　绿线表示历史场地地坪线

教堂室外地坪历史抬高示意图

勘 查 篇

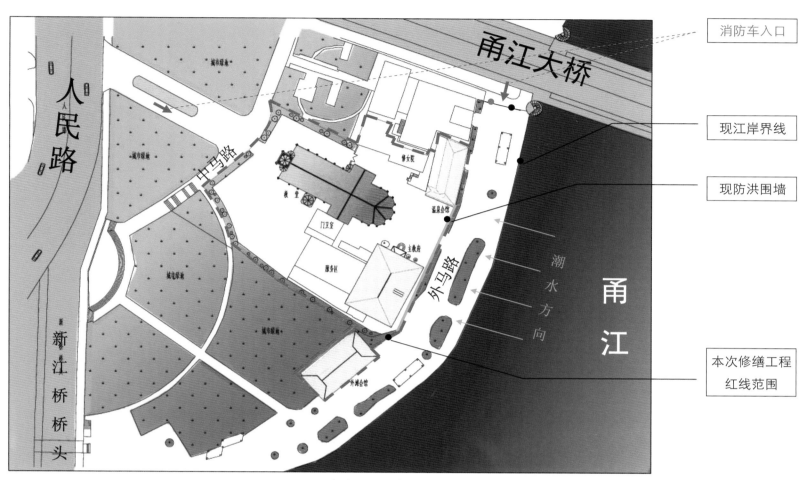

宁波江北天主教堂区位图

（1）涨潮使教堂存在严重的安全隐患。教堂钟楼门口的路面在1899年（清光绪二十五年）江北岸修筑马路时被填高过。而随着世界气候变暖，海平面又在逐渐升高。每年夏季和秋季时，正是宁波三江口潮讯和台风多发期，可教堂建筑却依然保持原来的地基高度。因此，教堂曾多次被江水淹漫，室内进水严重。

（2）消防车无法通畅进入，导致火灾无法及时扑救，存在严重的安全隐患。

教区的消防车出入口有两个，分别位于中马路和外马路。中马路的出入口被景观水池所挡，马路变窄，无法进出顺畅；外马路的出入口原来被两个石柱子所挡，后在2014年火灾当天，被拆除1个，才使得消防车能够到达教堂门前，这也使得灭火无法及时展开，导致火势继续蔓延。现在消防出入口处仍然还有一个残留的石柱。

另外，教堂南侧有一幢后期搭建的二层楼高的辅助用房，是神职人员的宿舍，与教堂南耳堂相连，该房屋的位置设置使得消防车无法通畅地到达教堂四面，不满足消防要求，存在安全隐患。

江北岸台风汛期涨潮情况

1. 建筑的现状情况归纳

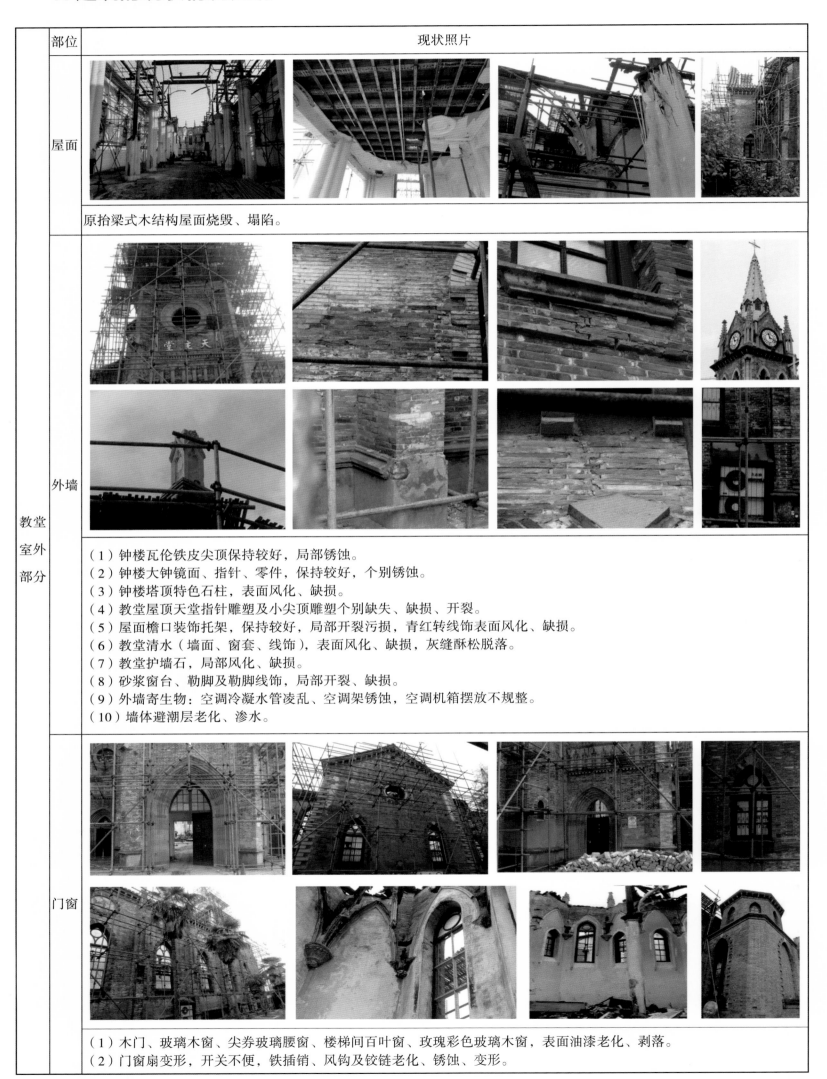

部位	现状照片

屋面

原抬梁式木结构屋面烧毁、塌陷。

外墙（教堂室外部分）

（1）钟楼瓦伦铁皮尖顶保持较好，局部锈蚀。
（2）钟楼大钟镜面、指针、零件，保持较好，个别锈蚀。
（3）钟楼塔顶特色石柱，表面风化、缺损。
（4）教堂屋顶天堂指针雕塑及小尖顶雕塑个别缺失、缺损、开裂。
（5）屋面檐口装饰托架，保持较好，局部开裂污损，青红转线饰表面风化、缺损。
（6）教堂清水（墙面、窗套、线饰），表面风化、缺损，灰缝酥松脱落。
（7）教堂护墙石，局部风化、缺损。
（8）砂浆窗台、勒脚及勒脚线饰，局部开裂、缺损。
（9）外墙寄生物：空调冷凝水管凌乱、空调架锈蚀，空调机箱摆放不规整。
（10）墙体避潮层老化、渗水。

门窗

（1）木门、玻璃木窗、尖券玻璃腰窗、楼梯间百叶窗、玫瑰彩色玻璃木窗，表面油漆老化、剥落。
（2）门窗扇变形，开关不便，铁插销、风钩及铰链老化、锈蚀、变形。

部位	现状照片
教堂室内部分	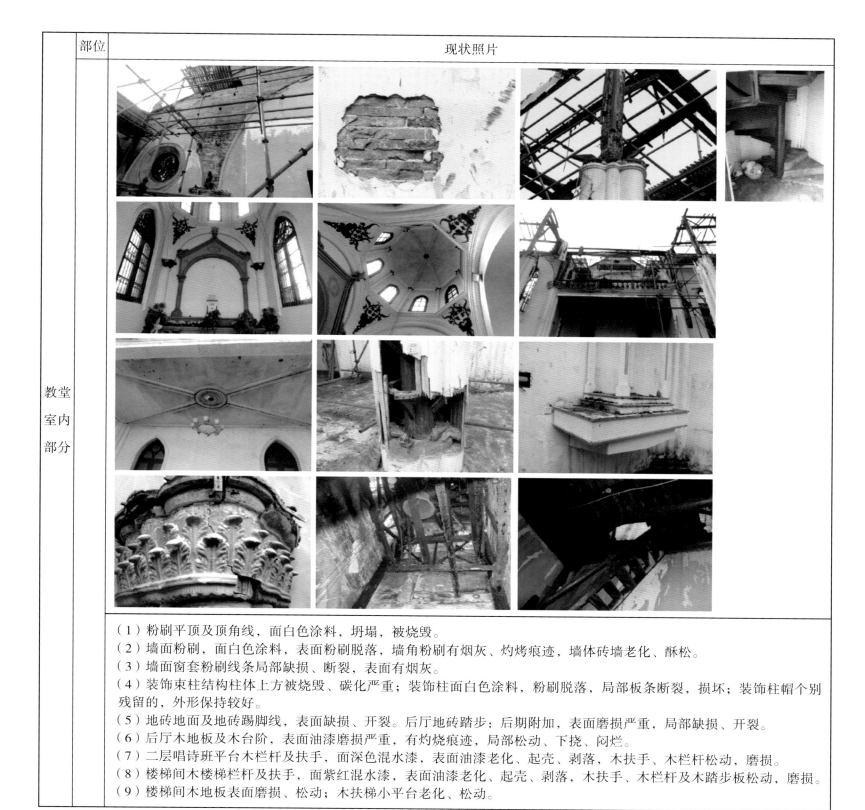

（1）粉刷平顶及顶角线，面白色涂料，坍塌，被烧毁。

（2）墙面粉刷，面白色涂料，表面粉刷脱落，墙角粉刷有烟灰、灼烤痕迹，墙体砖墙老化、酥松。

（3）墙面窗套粉刷线条局部缺损、断裂，表面有烟灰。

（4）装饰束柱结构柱体上方被烧毁、碳化严重；装饰柱面白色涂料，粉刷脱落，局部板条断裂，损坏；装饰柱帽个别残留的，外形保持较好。

（5）地砖地面及地砖踢脚线，表面缺损、开裂。后厅地砖踏步：后期附加，表面磨损严重，局部缺损、开裂。

（6）后厅木地板及木台阶，表面油漆磨损严重，有灼烧痕迹，局部松动、下挠、闷烂。

（7）二层唱诗班平台木栏杆及扶手，面深色混水漆，表面油漆老化、起壳、剥落，木扶手、木栏杆松动，磨损。

（8）楼梯间木楼梯栏杆及扶手，面紫红混水漆，表面油漆老化、起壳、剥落，木扶手、木栏杆及木踏步板松动，磨损。

（9）楼梯间木地板表面磨损、松动；木扶梯小平台老化、松动。

2. 损伤和病害的成因分析和安全评估结论

（1）"勘察报告"提供的建筑损伤情况

根据上海市房地产科学研究院对建筑的勘察，主要存在的损坏现象描述如下：

①被勘察的天主教堂火灾后，四周围护墙体窗洞及窗洞下方墙体墙面粉刷基本完好，未受到火灾影响，窗洞上方墙体粉刷面层脱落，砖墙表面局部有灼烤痕迹，墙体阴角有开裂现象，建筑内部木柱及木屋架均严重烧毁。

②四周外墙局部墙面存在弓突现象，四周围护墙体均存在明显风化现象，砌筑砖表层局部开裂破碎，墙体转角接缝处局部有开裂损坏现象。

③外墙装饰及保护部位局部有破损现象，原有门窗油漆均明显脱落，部分门窗有腐朽损坏现象，建筑整体存在明显的下沉现象。

"勘察报告"中的勘察结论：

（1）宁波市江北区中马路2号天主教堂为国家级的优秀近代建筑物，建于1871年（清同治十年），主体结构为砖木结构，被列为浙江省文物重点保护单位，是第六批全国重点文物保护单位。该建筑属于典型哥特式风格，是研究近现代建筑的典型范例，具有重要的历史、文化、艺术价值。

（2）被勘察建筑火灾后，主体建筑屋顶塌陷，四周围护墙体窗洞及窗洞下方墙体墙面粉刷基本完好，窗洞上方砖墙表面局部有灼烤痕迹，墙体阴角有开裂现象；建筑内部木柱及木屋架均严重烧毁；四周外墙局部墙面存在弓突现象，墙体多处存在明显风化现象，砌筑砖表层局部开裂破碎，墙体转角接缝处局部有开裂损坏现象。

（3）测量结果表明，被勘察建筑外墙棱线及墙面均有倾斜现象，局部墙面存在明显倾斜及弓突现象，外墙墙面Q01~Q38共38个墙面测点中，Q06、Q10、Q24三处墙面倾斜率大于10.0‰，墙角棱线X01~X36共36个测点中，X07、X08、X13、X14、X16、X34共6个棱线的倾斜率大于10.0‰，其他测点的倾斜率均小于《危险房屋鉴定标准》（JGJ125—992004）中规定的倾斜率限值10‰。

被勘察建筑外墙四周水准测量结果表明，外墙四周最大高差为262mm，其中[H-J，7-9]、[B，7-9]区域墙体存在明显不均匀沉降现象，不均匀沉降与倾斜测量结果基本一致。

（4）勘察结果表明，建筑外墙砌筑砖强度等级评定均为小于MU7.5，建筑外墙砌筑砂浆强度推定值为1.5MPa、2.2MPa。

（5）综上所述，天主教堂建成至今约140余年，四周围护墙体砌筑质量一般，砌筑砂浆强度偏低，砌筑砖存在明显风化损坏现象，砌筑砖表层多处存在破损现象，局部墙体存在弓突、倾斜现象，本次修缮应对围护墙体进行加固修缮，修缮恢复前应确保围护结构安全，并以不改变文物原貌为原则。

注：下图中所圈内容均为勘察报告中所检测数据没达到现行国家规范规定的要求

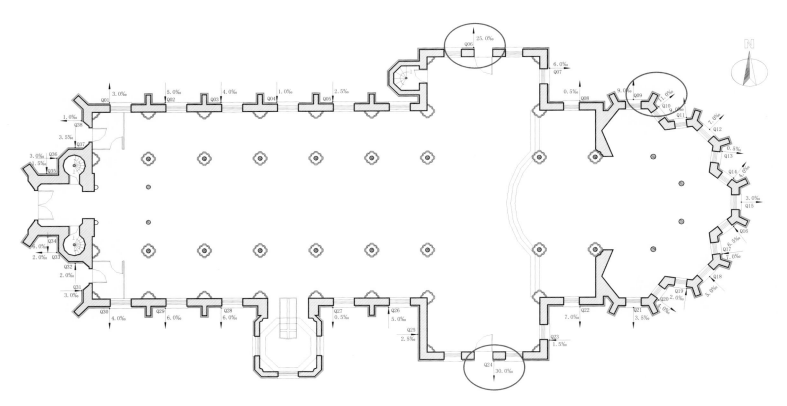

宁波天主教堂外墙墙面倾斜点位布置图

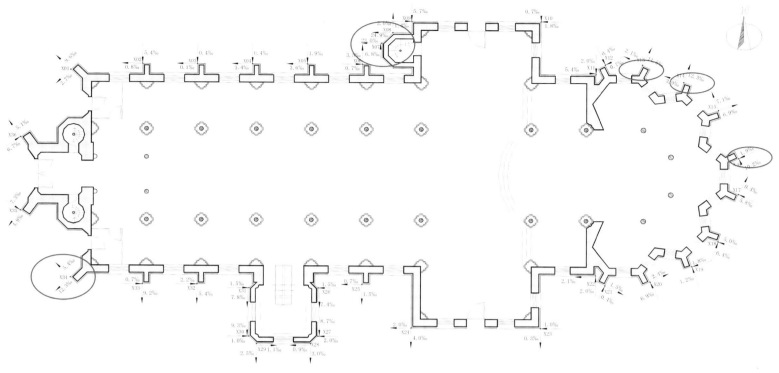

宁波天主教堂外墙棱线倾斜点位布置图

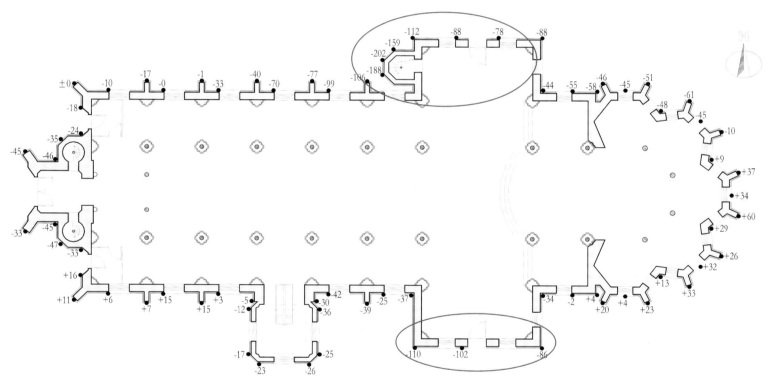

外墙高差水准测量结果

（2）现场踏勘复验核实

根据"勘察报告"提供的建筑损害情况，我们进行了实地查勘，其目的有二：

1）核实勘察报告所述的内容，并根据勘察报告提供的信息找寻病害的根源。

2）对勘察报告提供的数据做一个相关的全面分析和现场损坏情况评估，并找寻相关联的建筑发展变化趋势，以寻求对该文物建筑进行最合适的保护和维修的办法。

①首先对建筑的外形和外观进行了勘查，屋面已基本焚毁，室外墙体尚保存完整，钟楼外形保存较好，但金属塔顶（尖塔）由于内部过火后，表面油漆基本都已炭化，局部油漆都已燃尽。金属板因燃烧后是否强度有否折减，有待将来施工时再对其进行分析和鉴定，如若存有问题的话，则需翻新重做。教堂内的木柱和抬梁式木架结构、木檩条，木椽子等木结构已全部被毁，上部的木望板、望板砖、小青瓦及其青筒瓦等均在此次火灾

中烧毁坍落。钟楼内三层以上的木结构基本也已坏,虽然结构没有坍塌,但其木结构部分基本上过了火,大部分木结构表面均炭化,强度受到了严重的影响,已不能作为正常的结构构件使用。

教堂内部的墙面:过火的墙面由于在原吊平顶内,此处墙体外没有粉刷,经大火炙烤,局部青砖块表面泛红,有几处被烟熏黑,据勘察报告中描述,过火后的砖墙强度基本不受影响。未过火的墙面粉刷虽没经过大火焚烧,但由于受过大火的洗礼,粉刷墙面也受到了损坏和影响,但大部分在将来的修缮中可以保留使用。

木门、窗在此次火灾中影响较大,由于受此劫难,门窗在外观上损伤也较严重,具体表现为玻璃缺损,门窗扇变形、油漆破损和老化等。教堂内地坪也在此次火灾中被掉下的重物压溃受损严重,又此地砖和石材铺地非历史原物,故在恢复修缮时将这些铺地弃置不用,恢复原来历史铺地的材质。

②对建筑构件进行勘查:墙体由青砖和红砖镶嵌而成,大面积清水墙体由青砖所砌,红砖只是在门窗洞口部位、窗顶上通长部位、建筑底部与窗顶间隔之间一定间隔距离位置以及墙面装饰镶拼图案等部位设置。青砖的基本规格为 275mm×125mm×40mm,所有建筑外立面上的装饰饰物、线脚等都采用青石制作,在屋檐下与青石装饰托架共同组合支撑在墙体上的墙体压顶石采用红色石材。这些石材表面历经 100 多年的风雨侵蚀后风化严重,青石的色泽已不现,表面已转为类似水泥砂浆肌理和颜色,从损坏的表面窥视里面的材质,可以看到青石的本质。这些建筑的装饰饰物都是分块雕琢然后组合拼装,至于用何粘接材料拼接,由于这些饰物处于建筑的较高部位,一时难以考证,在中国古代用糯米粘接石材据说较普遍的,是否采用这项技术和工艺,留待施工时再予考证。

外墙面的清水墙多有风化,主要表现为表面起壳、酥松、粉化等现象,究其原因无外乎自然损坏,这其中包括较强的日晒作用、酸雨的腐蚀、冰雪的冻融以及冷热温差的疲劳作用等。由于这些外部因素的影响,加上材料本身抗老化能力的降低,使外墙面损坏严重。虽然后期经过一定的修补,但是过去的修缮行为由于受到了科学技术和水平的限制,对墙面的修缮仅停留在坏啥修啥的水平上,对感官上还可以,其内部已浅层风化的墙面没有对其预见性地修缮,导致产生新一轮的损坏。

还有一个很有规律的墙面损坏现象:在石材勒脚线脚上方,清水墙表面蚀损较严重。究其原因:是由于后期道路抬高后,下雨时,雨水落地溅起到墙上造成的。

我们在开挖室外路面调查原来场地的情况时还发现在现有勒脚湮埋在路面的墙面并没有像上部勒脚那样外面做有砂浆粉刷层,经分析,勒脚历史原状也应为清水墙,在后期使用时由于上面分析的原因,勒脚受地面溅上的雨水侵蚀,损坏很严重,在后期将这些勒脚的清水墙都用水泥砂浆粉刷抹盖了,要知道在建房的初期(十九世纪七十年代)在中国还没有水泥材料。至于何时用砂浆粉刷做勒脚,待以后再行考证。

清水墙面风化严重的照片

勒脚上面清水墙面风化严重的照片

石材装饰构件损坏及缺损的照片　　　　　　　　　　石材装饰构件损坏及缺损的照片

室外地坪开挖后墙体的照片　　　　　　　　　　　　室外地坪开挖后的照片

（3）建筑损伤的成因分析

"勘察报告"提供的建筑损害情况，除了前面基本勘查和复合的一些基本情况和初步分析成因外，还有一些属于重点需要进行分析和研究的部分。

1）墙体的裂缝

根据"勘察报告提供的情况，我们重点进行了勘查复合，经复合发现如下事实：墙体开裂的部位发生在墙体的阴角部位，除了北立面耳堂边的旋转楼梯间为后期所建建筑的裂缝从上到连通外，其余裂缝都为局部裂缝，从连通的裂缝来分析，缝两边清水墙的水平砖缝之间上下都没有错位，说明连接缝两边砖墙底部的基础没有断裂式下沉，只能说明新老墙体之间的咬合构造上不契合，刚度小的部分与主体建筑脱开了产生了裂缝。而其他裂缝也是处于阴角部位，且也没有上下连通，该些部位的基础也无明显沉降，故经分析这些墙体裂缝为非结构损坏裂缝，造成这些裂缝的原因有以下几方面因素：

①原来施工时没有按施工规程做好砖块的马牙槎接。

②温度变化造成的变形开裂。

③本次大火焚毁屋顶后，屋顶结构构件掉落时，引起局部墙体裂缝。

④某些外部的干扰（周围建设工程活动、相邻建设震动、排水等施工等）。

从这些裂缝的现状观测，除了大火时墙体上部局部有一些新展开的裂缝外，其余墙体裂缝已都属稳定状态，没有继续展开的趋向，故认为在此次修缮中，只要对其进行修缮弥合，即能达到满足正常使用要求。新展开的裂缝应检查墙体的完好度，如仅是一些砂浆受损，墙体的整体力学指标满足要求，可进行建筑墙体弥合修缮，否则，则按结构性墙体裂缝修缮方式进行修理。

2）墙体有弓突现象

墙体弓突现象主要发生在教堂南、北两个耳堂的山墙上，耳堂中间都建有夹层，夹层的搁栅都搁置在山墙中间，而搁栅搁置的另一端则搁置在与山墙对面平行的木梁上，木梁在结构中属于弹性构件。由于历史的夹层楼面近山墙中间开有一个楼梯间，这样在楼梯间位置，两端就出现了应力集中，当人们上到在夹层楼面时，由于走动，楼梯开孔的两端作用最大，搁栅两端一边是刚度较小的木梁，一边是刚度较大的清水墙。此时的水平作用力犹如庙宇僧人在撞钟反复作用在山墙上，而墙体的砂浆标号较低，这样反复作用，造成了现在我们所见的弓突现象，从现状分析，这个弓突现象产生在山墙的中部，且此弓突已存在很多年了，所以说对正常使用状态来说不产生影响，如要纠正则可采取局部拆砌的方法进行修缮。

3）墙体的倾斜

根据"勘察报告"提供的倾斜数据分析，其倾斜部位主要发生在建筑的耳堂部位和后期增建的旋转楼梯间墙体部位，南、北面的耳堂旁边都因有后期的建设行为（北面：旋转楼梯间、南面：增建藏经楼）而引起。像这种倾斜现象应属我们的意料之中，虽然倾斜已超过正常范围，但也经百多年，早已稳定，不妨大碍。如将来建筑能做顶升时，可一并纠偏解决。

4）不均匀沉降

"勘察报告"还提供了建筑物的不均匀沉降的数据以及发生的位置。经勘察产生这些现象的部位还是发生在后期有建设行为活动的部位，从建筑的形态来看，在连接两个时期建的建筑之间已有释放应力的裂缝，而这些裂缝无继续展开的趋势，可以认为后期盖的建筑基础已处于稳定状态，因此这些病症不影响教堂的正常使用。同样若要纠正这些现象，可以在以后顶升阶段加以解决。

（4）安全评估结论

宁波江北天主教堂历经140多年的风雨磨砺，昂然挺首，虽经一场大火，焚毁全部屋盖，但是它的身姿归然不动。不仅从安全检测数据还是现场勘查，留存下的建筑主体部分，结构保留完整、完好，虽存在表面风化、老化现象，但不影响建筑物的正常使用。

墙体裂缝除了历史裂缝外，基本上多为焚火中屋面结构坍落时造成的，属突发性局部变故和影响，与主体结构的整体强度和稳定无关，修缮时应重视对其进行补强。

一些与现行规范要求偏离的测量数据，也仅是历史后期建设行为造成对建筑的影响。虽然与规范要求有些许偏离、但经分析后这些偏离值已存在较长时间，故认为已属稳定，在此次修缮中以不干扰或少干扰为宜。

耳堂与旋转楼梯间墙面阴角处开裂的照片

教堂东面局部墙面阴角处开裂

北面耳堂有弓突现象的山墙照片

屋面坍塌时撕拉墙面引起开裂的照片

1. 总平面图

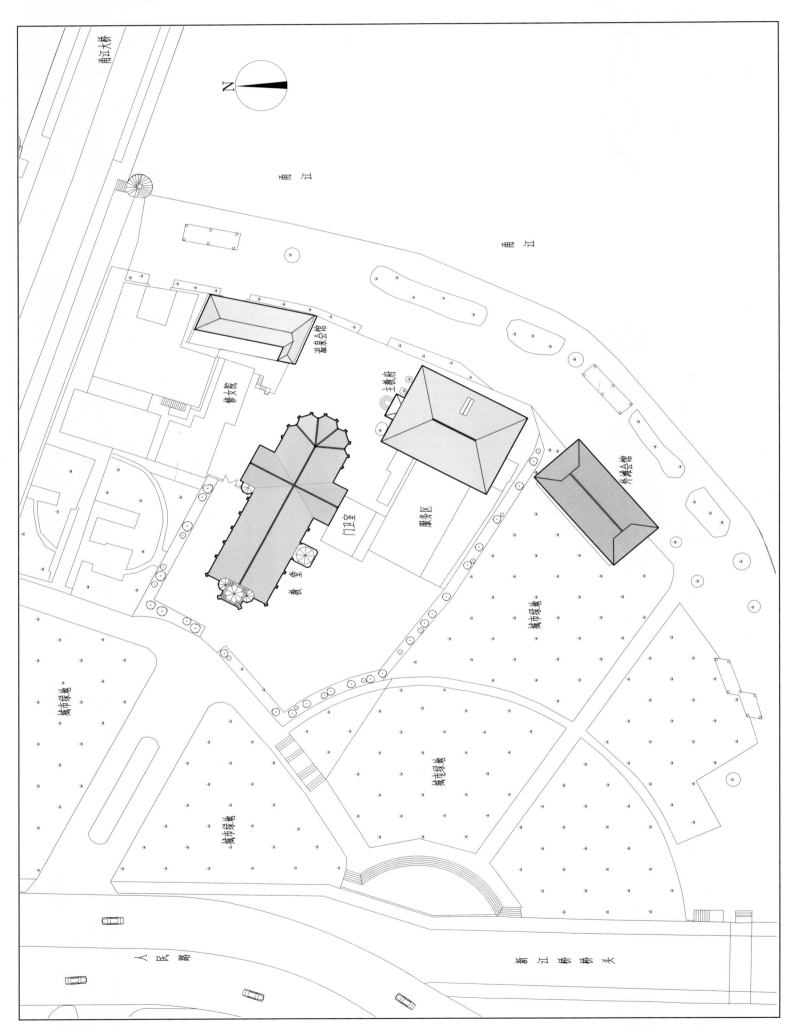

2. 北立面现状图

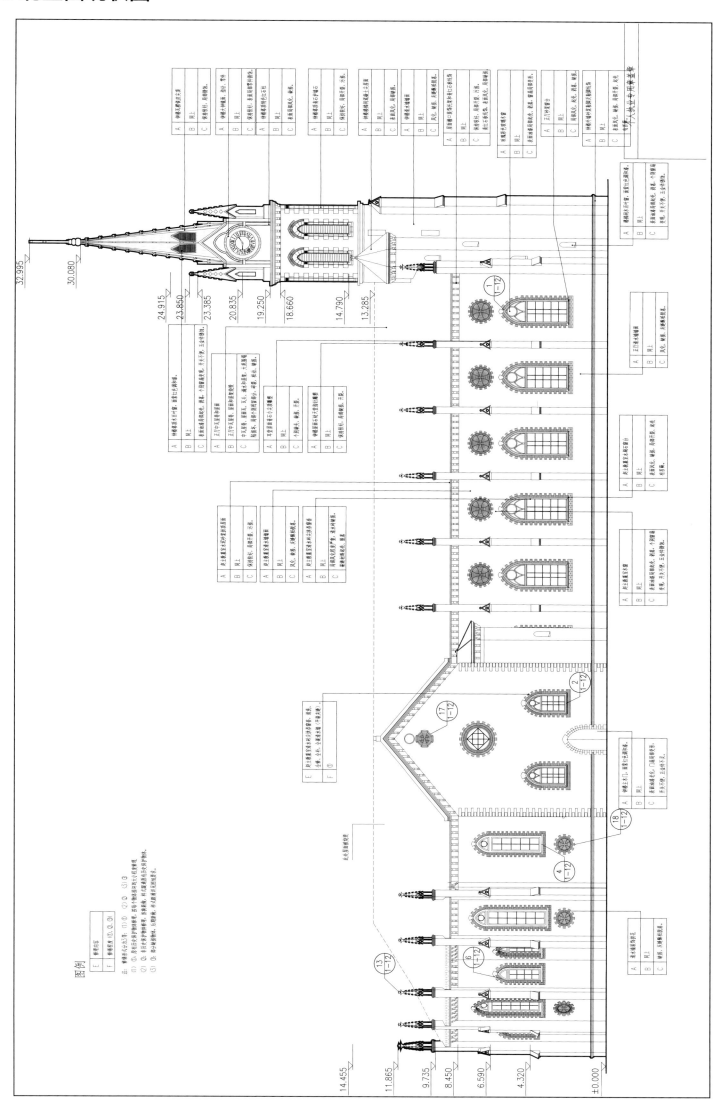

3. 东立面现状图

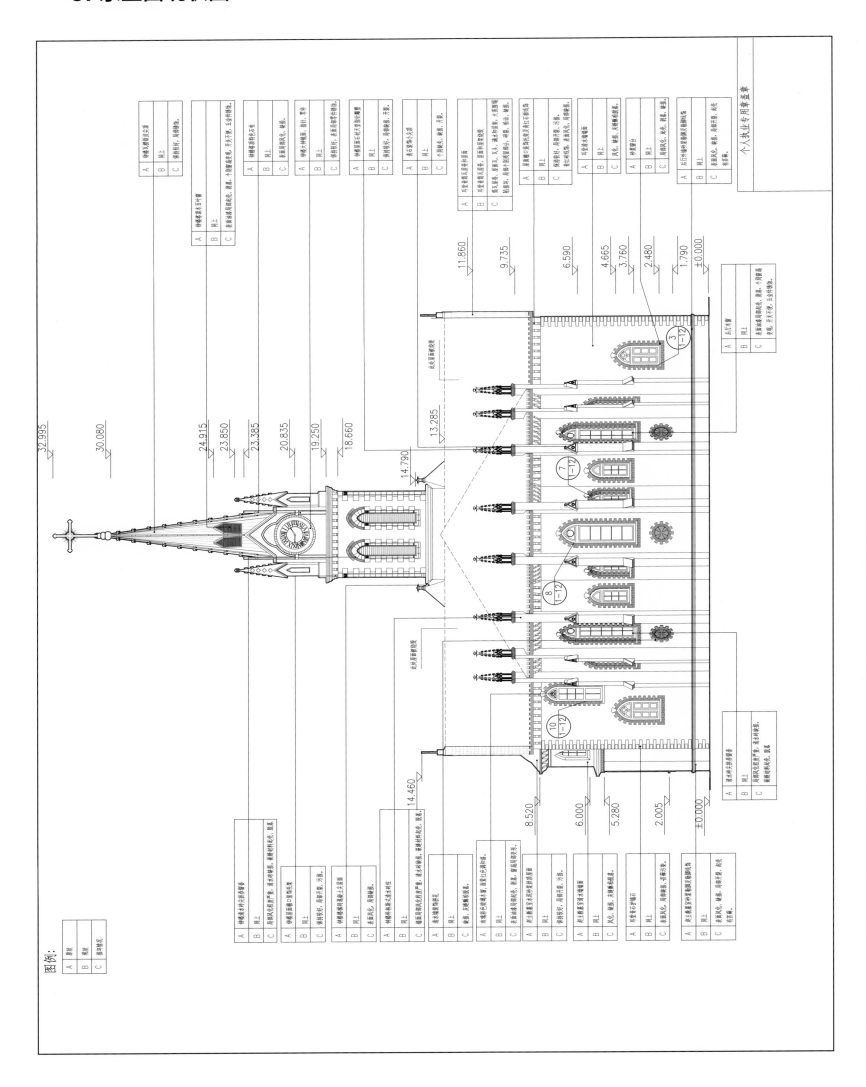

1. 北立面现状调查表

建筑示意图
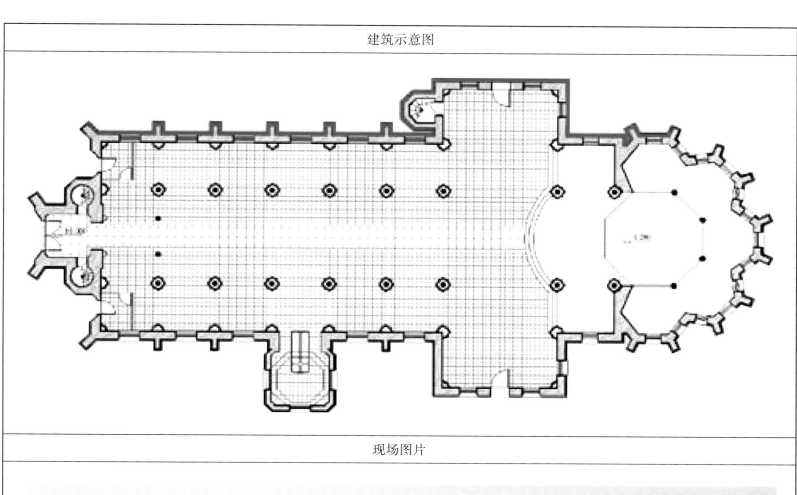
现场图片

　　北立面现状为清水砖墙，有灰砖红砖，表面缺损严重，局部磨损，有水渍，潮湿处生苔藓，局部有水泥砂浆装饰。木门窗损坏严重，大多只保留部分木门、窗框，个别木窗保存完好，楼梯间小木百叶窗保存完好；门窗套为砖门窗套，保留完好。

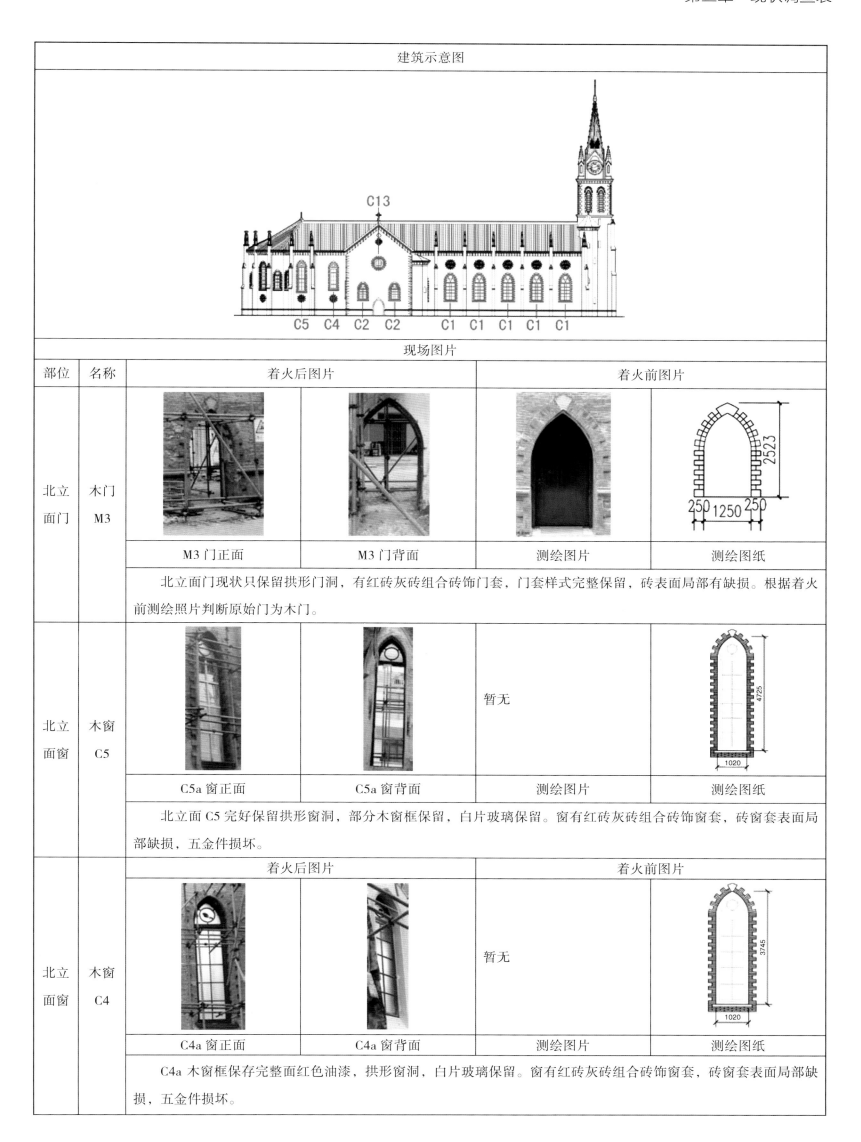

建筑示意图				
现场图片				
部位	名称	着火后图片		着火前图片	
北立面门	木门 M3	M3 门正面	M3 门背面	测绘图片	测绘图纸
		北立面门现状只保留拱形门洞，有红砖灰砖组合砖饰门套，门套样式完整保留，砖表面局部有缺损。根据着火前测绘照片判断原始门为木门。			
北立面窗	木窗 C5	C5a 窗正面	C5a 窗背面	暂无	测绘图纸
				测绘图片	
		北立面 C5 完好保留拱形窗洞，部分木窗框保留，白片玻璃保留。窗有红砖灰砖组合砖饰窗套，砖窗套表面局部缺损，五金件损坏。			
北立面窗	木窗 C4	着火后图片		着火前图片	
		C4a 窗正面	C4a 窗背面	暂无	测绘图纸
				测绘图片	
		C4a 木窗框保存完整面红色油漆，拱形窗洞，白片玻璃保留。窗有红砖灰砖组合砖饰窗套，砖窗套表面局部缺损，五金件损坏。			

		着火后图片		着火前图片	
北立面窗	木窗 C2				
		C2 正面	C2 背面	测绘图片	测绘图纸
		C1 木窗框保存完整面红色油漆，拱形窗洞，白片玻璃破损。窗有红砖灰砖组合砖饰窗套，砖窗套表面局部缺损，五金件损坏。			

		着火后图片		着火前图片	
北立面窗	木窗 C1				
		C1 正面图片		测绘图片	
		C1 背面图片		测绘图纸	
		C1 木窗框保存完整面红色油漆，拱形窗洞，白片玻璃破损。窗有红砖灰砖组合砖饰窗套，砖窗套表面局部缺损，五金件损坏。			

		着火后图片		着火前图片	
北立面窗	固定圆形花窗 C13				
		C13 正面图片	C13 北面图片	测绘图片	测绘图纸
		C13 圆形窗，砖饰窗套，窗框过火后保存，玻璃缺损，窗套表面风化缺损。			

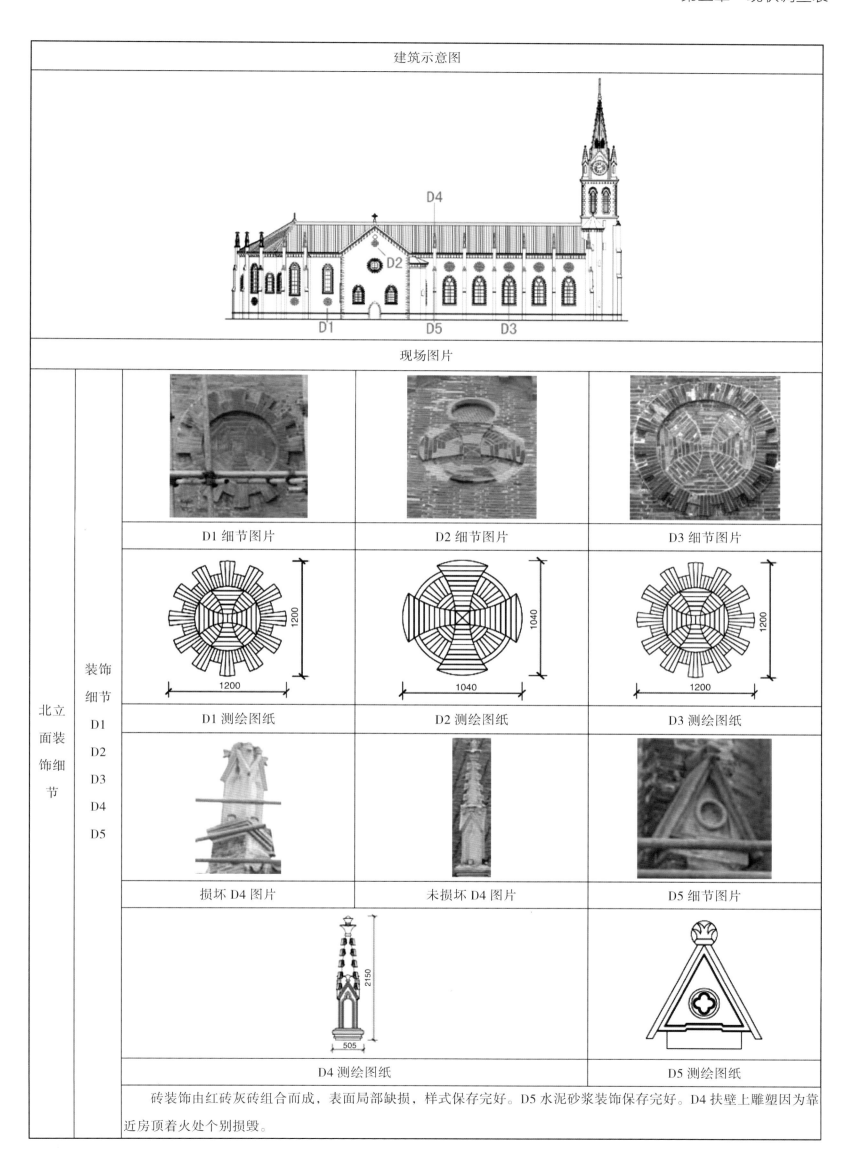

建筑示意图

现场图片

北立面装饰细节

装饰细节
D1
D2
D3
D4
D5

D1 细节图片　　D2 细节图片　　D3 细节图片

D1 测绘图纸　　D2 测绘图纸　　D3 测绘图纸

损坏 D4 图片　　未损坏 D4 图片　　D5 细节图片

D4 测绘图纸　　D5 测绘图纸

　　砖装饰由红砖灰砖组合而成，表面局部缺损，样式保存完好。D5 水泥砂浆装饰保存完好。D4 扶壁上雕塑因为靠近房顶着火处个别损毁。

2. 南立面现状调查表

建筑示意图
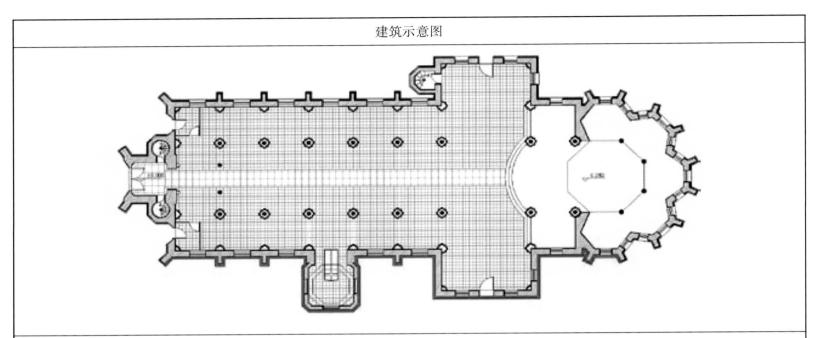
现场图片

南立面图片	南立面图片

南立面图片	南立面图片

　　南立面现状为清水砖墙，有灰赚红砖，表面缺损严重，局部磨损，有水渍，潮湿处生苔藓，局部有水泥砂浆装饰。木门窗损坏严重，大多只保留部分木门、窗框，个别木窗保存完好，楼梯间小木百叶窗保存完好；门窗套为砖门窗套，保留完好。

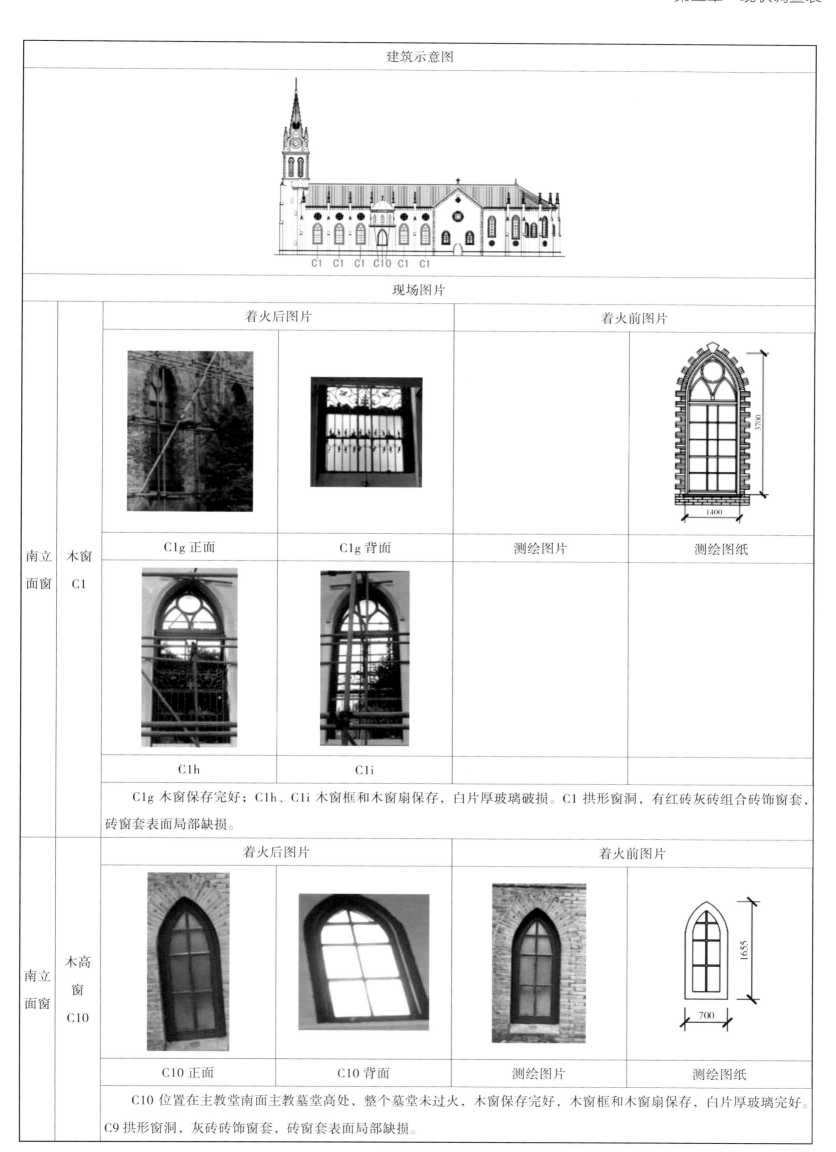

		建筑示意图			

现场图片

		着火后图片		着火前图片	
南立面窗	木窗 C1	C1g 正面	C1g 背面	测绘图片	测绘图纸
		C1h	C1i		

C1g 木窗保存完好；C1h、C1i 木窗框和木窗扇保存，白片厚玻璃破损。C1 拱形窗洞，有红砖灰砖组合砖饰窗套，砖窗套表面局部缺损。

		着火后图片		着火前图片	
南立面窗	木高窗 C10	C10 正面	C10 背面	测绘图片	测绘图纸

C10 位置在主教堂南面主教墓堂高处，整个墓堂未过火，木窗保存完好，木窗框和木窗扇保存，白片厚玻璃完好。C9 拱形窗洞，灰砖砖饰窗套，砖窗套表面局部缺损。

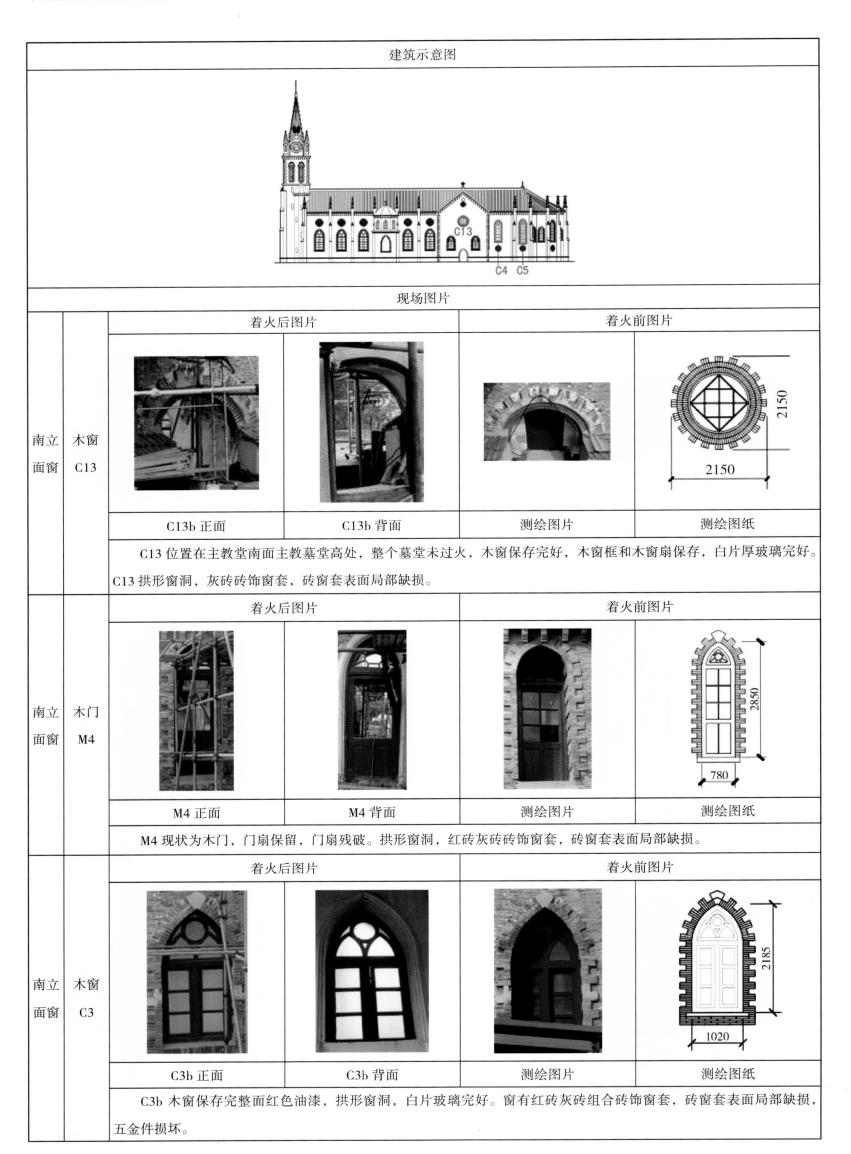

		建筑示意图		
		现场图片		
		着火后图片		着火前图片
南立面窗	木窗 C13	C13b 正面	C13b 背面	测绘图片　测绘图纸
		C13 位置在主教堂南面主教墓堂高处，整个墓堂未过火，木窗保存完好，木窗框和木窗扇保存，白片厚玻璃完好。C13 拱形窗洞，灰砖砖饰窗套，砖窗套表面局部缺损。		
		着火后图片		着火前图片
南立面窗	木门 M4	M4 正面	M4 背面	测绘图片　测绘图纸
		M4 现状为木门，门扇保留，门扇残破。拱形窗洞，红砖灰砖砖饰窗套，砖窗套表面局部缺损。		
		着火后图片		着火前图片
南立面窗	木窗 C3	C3b 正面	C3b 背面	测绘图片　测绘图纸
		C3b 木窗保存完整面红色油漆，拱形窗洞，白片玻璃完好。窗有红砖灰砖组合砖饰窗套，砖窗套表面局部缺损，五金件损坏。		

南立面窗	木窗 C4	着火后图片		着火前图片	
		C4 正面	C4 背面	测绘图片	测绘图纸
		C4 木窗框保存完整面红色油漆，拱形窗洞，白片玻璃保留。窗有红砖灰砖组合砖饰窗套，砖窗套表面局部缺损，五金件损坏。			
南立面窗	木窗 C5	着火后图片		着火前图片	
		C5b 正面	C5b 背面	测绘图片	测绘图纸
		北立面 C5 完好保留拱形窗洞，部分木窗框保留，白片玻璃保留。窗有红砖灰砖组合砖饰窗套，砖窗套表面局部缺损，五金件损坏。			

3. 西立面现状

建筑示意图
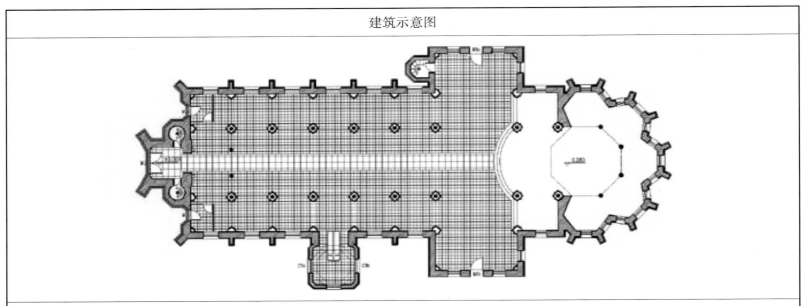
现场图片
A-O-W-1

西立面现状为清水砖墙，表面缺损严重，局部磨损，有水渍，潮湿处生苔藓，局部有水泥砂浆装饰。西立面成凸字形，突出处为后建塔楼，塔楼顶部为水泥砂浆塔尖，上立金属十字架；木门保留，木窗损毁严重，保留窗洞，楼梯间固定木百叶窗保存完好；木门窗套为砖门窗套，保留完好。

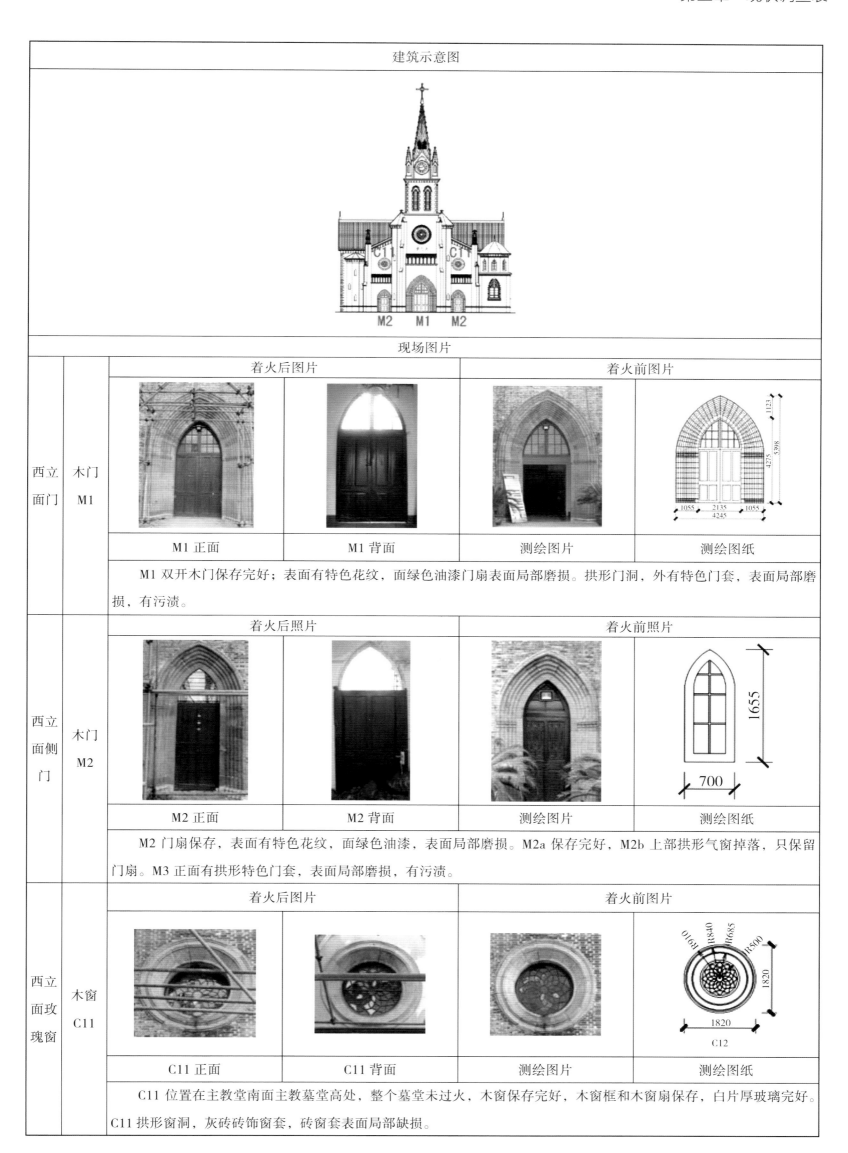

		建筑示意图			
		现场图片			
西立面门	木门 M1	着火后图片		着火前图片	
		M1 正面	M1 背面	测绘图片	测绘图纸
		M1 双开木门保存完好；表面有特色花纹，面绿色油漆门扇表面局部磨损。拱形门洞，外有特色门套，表面局部磨损，有污渍。			
西立面侧门	木门 M2	着火后照片		着火前照片	
		M2 正面	M2 背面	测绘图片	测绘图纸
		M2 门扇保存，表面有特色花纹，面绿色油漆，表面局部磨损。M2a 保存完好，M2b 上部拱形气窗掉落，只保留门扇。M3 正面有拱形特色门套，表面局部磨损，有污渍。			
西立面玫瑰窗	木窗 C11	着火后图片		着火前图片	
		C11 正面	C11 背面	测绘图片	测绘图纸
		C11 位置在主教堂南面主教墓堂高处，整个墓堂未过火，木窗保存完好，木窗框和木窗扇保存，白片厚玻璃完好。C11 拱形窗洞，灰砖砖饰窗套，砖窗套表面局部缺损。			

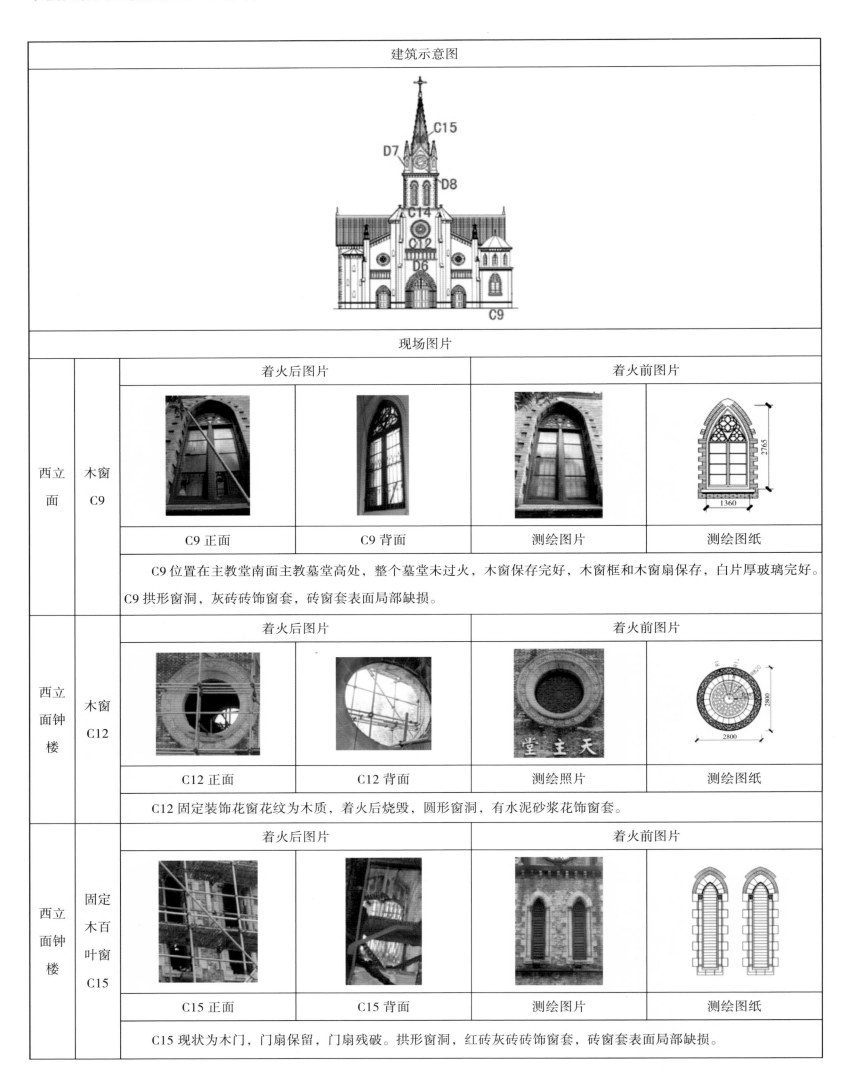

建筑示意图				
现场图片				

		着火后图片		着火前图片	
西立面	木窗 C9	C9 正面	C9 背面	测绘图片	测绘图纸
		C9 位置在主教堂南面主教墓堂高处，整个墓堂未过火，木窗保存完好，木窗框和木窗扇保存，白片厚玻璃完好。C9 拱形窗洞，灰砖砖饰窗套，砖窗套表面局部缺损。			
		着火后图片		着火前图片	
西立面钟楼	木窗 C12	C12 正面	C12 背面	测绘照片	测绘图纸
		C12 固定装饰花窗花纹为木质，着火后烧毁，圆形窗洞，有水泥砂浆花饰窗套。			
		着火后图片		着火前图片	
西立面钟楼	固定木百叶窗 C15	C15 正面	C15 背面	测绘图片	测绘图纸
		C15 现状为木门，门扇保留，门扇残破。拱形窗洞，红砖灰砖砖饰窗套，砖窗套表面局部缺损。			

西立面钟楼钟塔尖	木窗 C15	着火后图片		着火前图片	
		C15		测绘图片	测绘图纸
		C15 为固定木百叶装饰窗，表面红漆，着火后烧毁。			
西立面钟楼	水泥砂浆墙面装饰 D6	着火后图片		着火前图片	
		C4d 正面		测绘图纸	
		D6 水泥砂浆装饰，着火后为损坏，表面污损。			
西立面钟楼	钟塔上雕塑 D7	着火后图片		着火前图片	
		D7 正面		测绘图纸	
		D7 钟塔上雕塑着火后未受影响，现状由于时间久就表面污损。			
西立面钟楼	钟楼上钟表盘	着火后图片	着火前图片		
		D8 下面	测绘图片		测绘图纸
		金属表盘着火后未损坏，现状表面污损，金属腐蚀严重。			

57

4. 东立面现状

建筑示意图
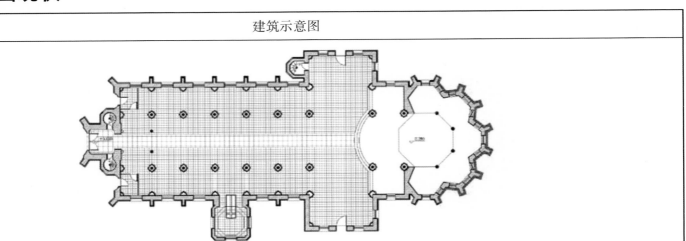
现场图片

东立面现状为清水砖墙，表面缺损严重，局部磨损，有水渍，潮湿处生苔藓，局部有水泥砂浆装饰。木窗损毁严重，保留窗洞，木窗窗套为砖窗套，保留完好。

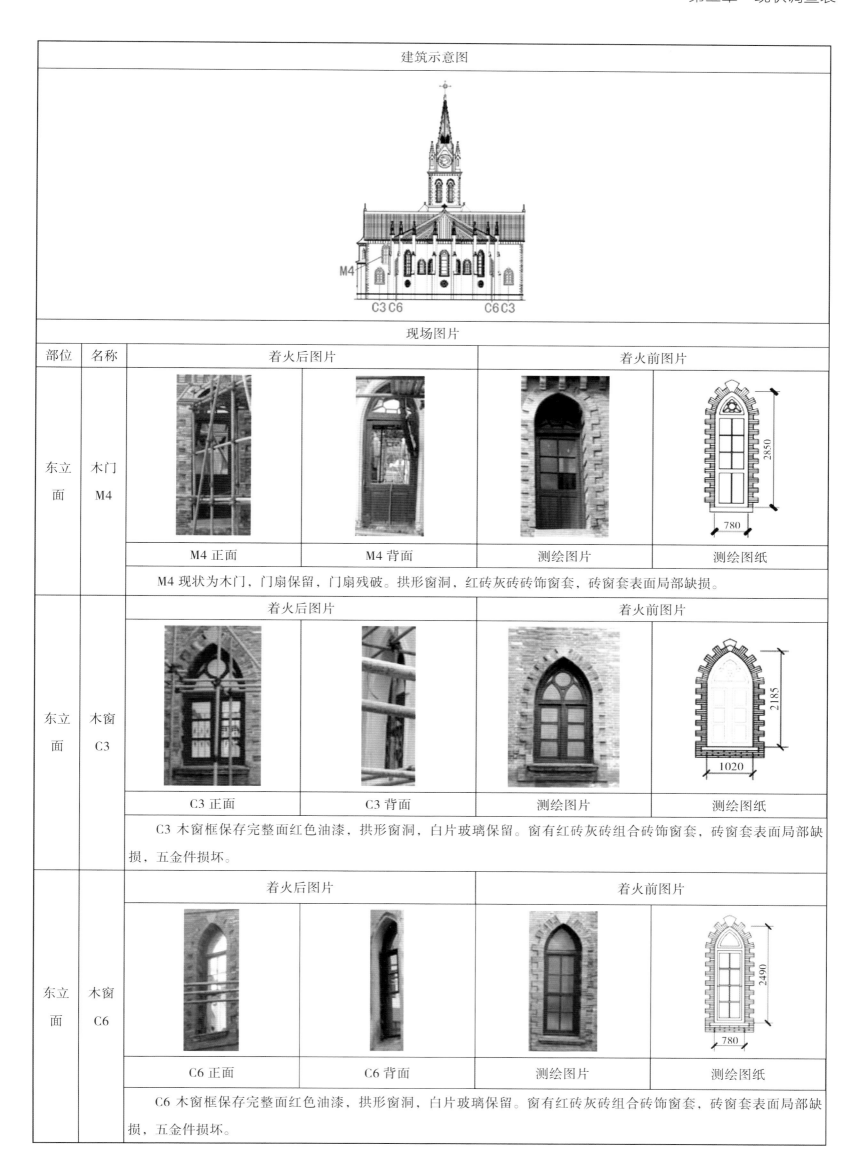

部位	名称	着火后图片		着火前图片	
东立面	木门 M4	M4 正面	M4 背面	测绘图片	测绘图纸
东立面	木门 M4	M4 现状为木门，门扇保留，门扇残破。拱形窗洞，红砖灰砖砖饰窗套，砖窗套表面局部缺损。			
东立面	木窗 C3	C3 正面	C3 背面	测绘图片	测绘图纸
东立面	木窗 C3	C3 木窗框保存完整面红色油漆，拱形窗洞，白片玻璃保留。窗有红砖灰砖组合砖饰窗套，砖窗套表面局部缺损，五金件损坏。			
东立面	木窗 C6	C6 正面	C6 背面	测绘图片	测绘图纸
东立面	木窗 C6	C6 木窗框保存完整面红色油漆，拱形窗洞，白片玻璃保留。窗有红砖灰砖组合砖饰窗套，砖窗套表面局部缺损，五金件损坏。			

		建筑示意图			
		C4 C7 C8 C7 C4			
		现场图片			
部位	名称	着火后图片		着火前图片	
东立面	木门 C4	C4 正面	C4 背面	测绘图片	测绘图纸
		C4 木窗框保存完整面红色油漆，拱形窗洞，白片玻璃保留。窗有红砖灰砖组合砖饰窗套，砖窗套表面局部缺损，五金件损坏。			
东立面	木窗 C7	C6 正面	C6 背面	测绘图片	测绘图纸
		C6 位置在主教堂南面主教墓堂高处，整个墓堂未过火，木窗保存完好，木窗框和木窗扇保存，白片厚玻璃完好。C12 拱形窗洞，灰砖砖饰窗套，砖窗套表面局部缺损。			
东立面	木窗 C8	C8 正面	C8 背面	测绘图片	测绘图纸
		C8 木窗框保存完整面红色油漆，拱形窗洞，白片玻璃保留。窗有红砖灰砖组合砖饰窗套，砖窗套表面局部缺损，五金件损坏。			

5. 主教堂 A1 正厅现状

位置示意图

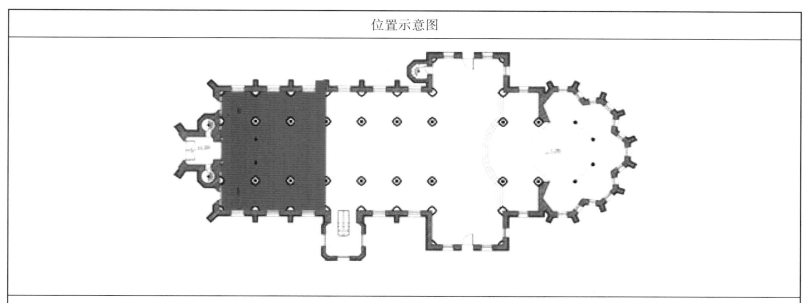

主教堂 A1 正厅示意图

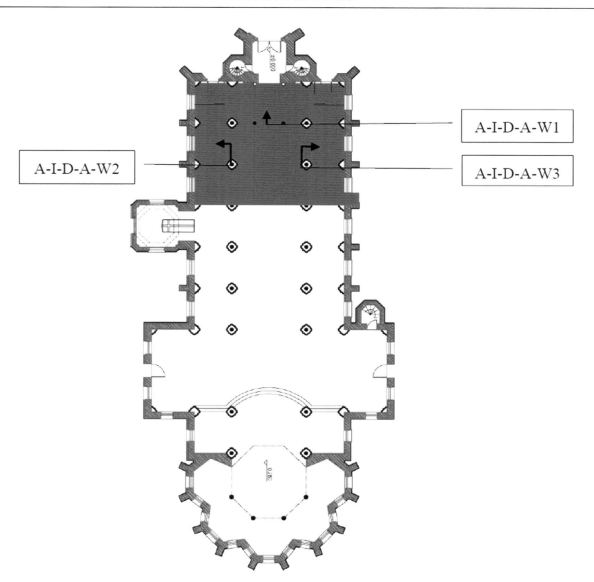

A-I-D-A-W1

A-I-D-A-W2

A-I-D-A-W3

正厅在火灾后，屋架烧毁、屋面塌陷、束柱上部及拱顶烧毁。

正厅西立面二层平台留存，其底层花饰线脚粉刷平顶，大面积脱落。二层平台上木栏杆松动、损坏，表面油漆脱落。

正厅地面为后期铺设的地砖，表面磨损，局部缺损；二层平台木地板松动、下挠，表面油漆脱落。

位置示意图		

现场图片		
部位	名称	图片
A1 正厅	墙面 1	
		损坏情况：（1）墙面粉刷大面积脱落，砖墙老化、酥松。 （2）特色束柱，结构柱体上方被烧毁；装饰柱局部泥蔓条破损、柱帽留存、表面粉刷脱落。 （3）地砖踢脚线后期附加。
	墙面 2	
		损坏情况：（1）墙面粉刷大面积脱落，砖墙老化、酥松。 （2）特色束柱，结构柱体上方被烧毁；装饰柱泥蔓条破损、柱帽留存、表面粉刷脱落。 （3）地砖踢脚线后期附加。 （4）尖拱窗洞外形保持较好。
	墙面 3	
		损坏情况：（1）墙面粉刷大面积脱落，砖墙老化、酥松。 （2）特色束柱，结构柱体上方被烧毁；装饰柱泥蔓条破损、柱帽留存、表面粉刷脱落。 （3）地砖踢脚线后期附加。 （4）尖拱窗洞外形保持较好。

6. 主教堂 A2 正厅现状

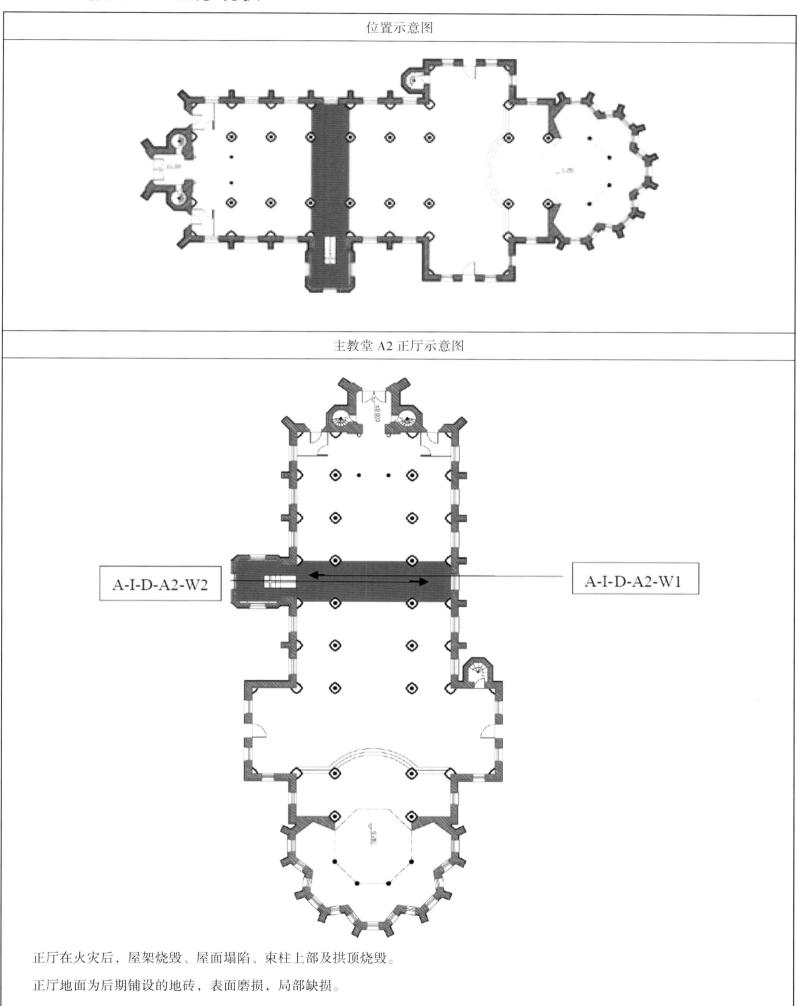

位置示意图

主教堂 A2 正厅示意图

A-I-D-A2-W2

A-I-D-A2-W1

正厅在火灾后，屋架烧毁、屋面塌陷、束柱上部及拱顶烧毁。

正厅地面为后期铺设的地砖，表面磨损，局部缺损。

		位置示意图
		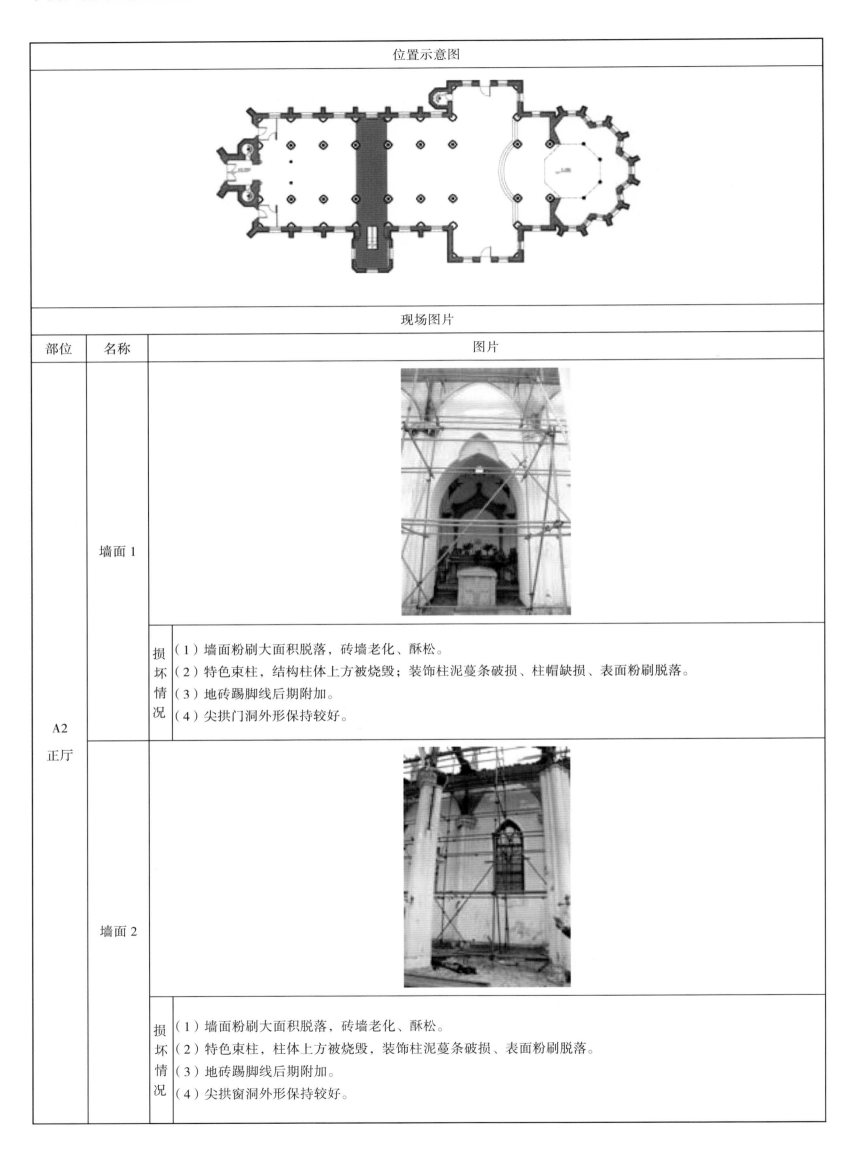

现场图片

部位	名称	图片
A2 正厅	墙面1	
	损坏情况	（1）墙面粉刷大面积脱落，砖墙老化、酥松。 （2）特色束柱，结构柱体上方被烧毁；装饰柱泥蔓条破损、柱帽缺损、表面粉刷脱落。 （3）地砖踢脚线后期附加。 （4）尖拱门洞外形保持较好。
	墙面2	
	损坏情况	（1）墙面粉刷大面积脱落，砖墙老化、酥松。 （2）特色束柱，柱体上方被烧毁，装饰柱泥蔓条破损、表面粉刷脱落。 （3）地砖踢脚线后期附加。 （4）尖拱窗洞外形保持较好。

7. 主教堂 A3 正厅现状

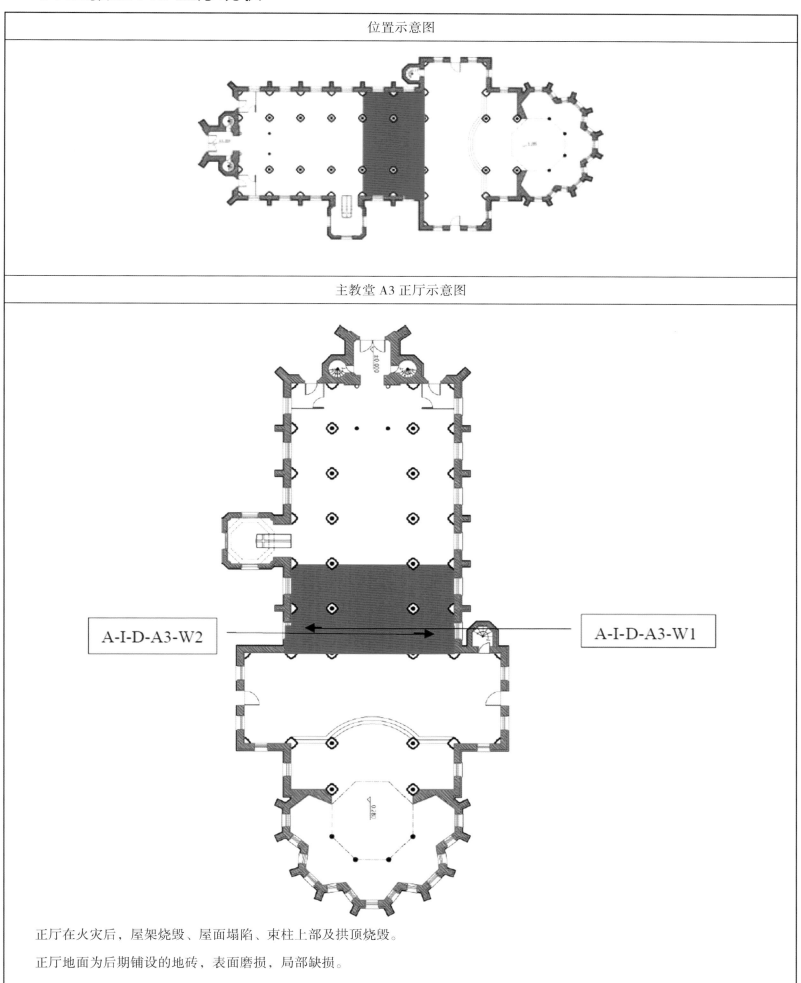

正厅在火灾后，屋架烧毁、屋面塌陷、束柱上部及拱顶烧毁。

正厅地面为后期铺设的地砖，表面磨损，局部缺损。

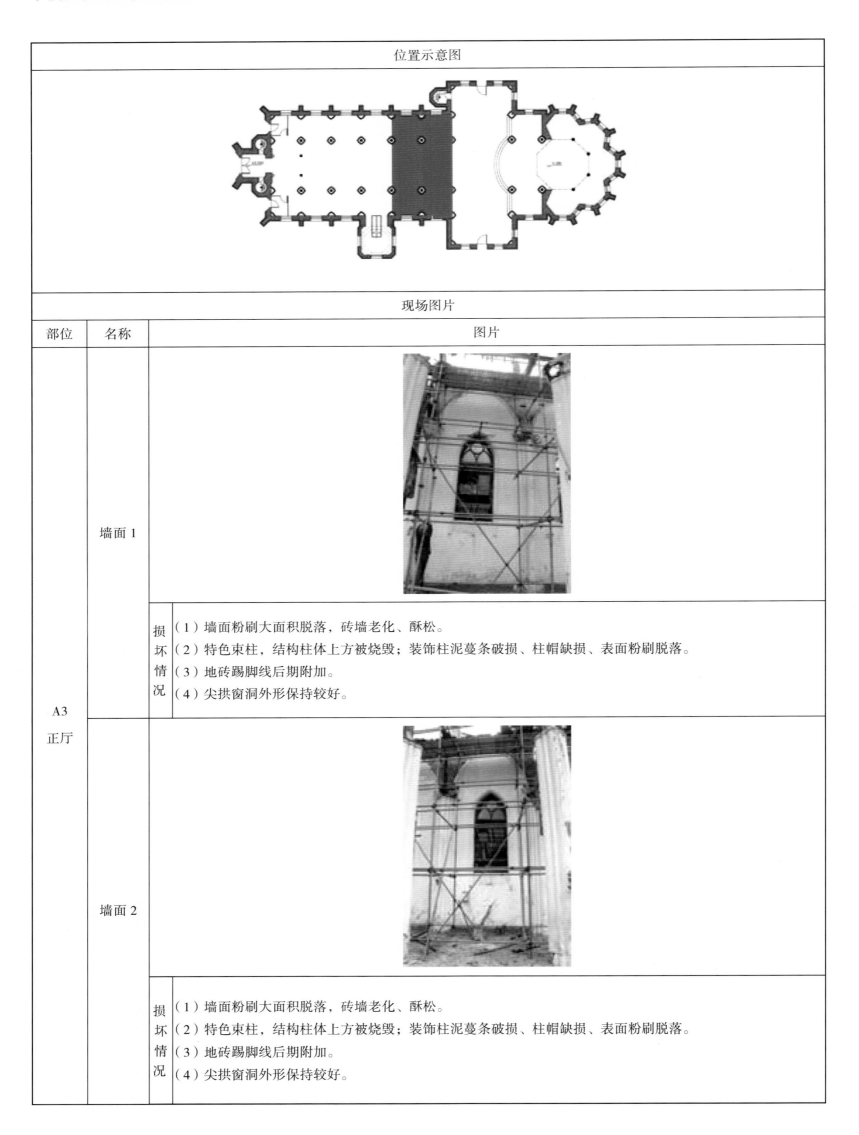

		位置示意图
		现场图片
部位	名称	图片
A3 正厅	墙面1	
	损坏情况	（1）墙面粉刷大面积脱落，砖墙老化、酥松。 （2）特色束柱，结构柱体上方被烧毁；装饰柱泥蔓条破损、柱帽缺损、表面粉刷脱落。 （3）地砖踢脚线后期附加。 （4）尖拱窗洞外形保持较好。
	墙面2	
	损坏情况	（1）墙面粉刷大面积脱落，砖墙老化、酥松。 （2）特色束柱，结构柱体上方被烧毁；装饰柱泥蔓条破损、柱帽缺损、表面粉刷脱落。 （3）地砖踢脚线后期附加。 （4）尖拱窗洞外形保持较好。

8. 主教堂赵主教墓室现状

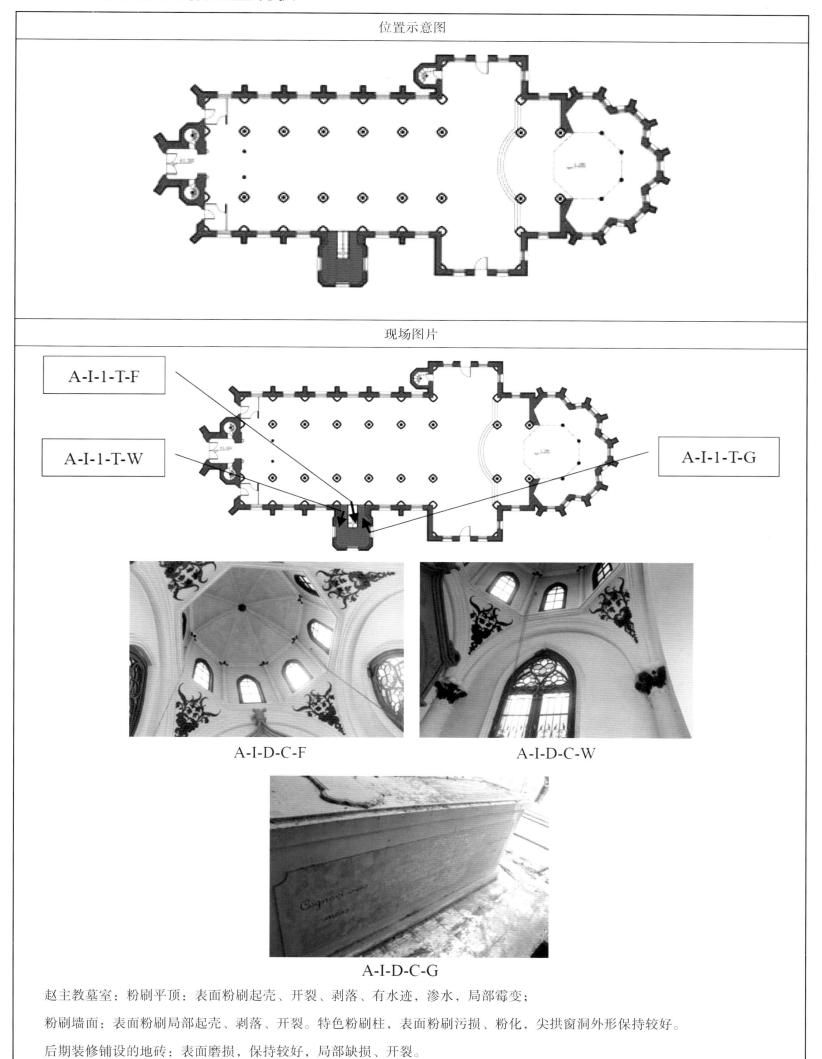

位置示意图

现场图片

A-I-1-T-F

A-I-1-T-W

A-I-1-T-G

A-I-D-C-F   A-I-D-C-W

A-I-D-C-G

赵主教墓室：粉刷平顶：表面粉刷起壳、开裂、剥落、有水迹，渗水，局部霉变；

粉刷墙面：表面粉刷局部起壳、剥落、开裂。特色粉刷柱，表面粉刷污损、粉化，尖拱窗洞外形保持较好。

后期装修铺设的地砖：表面磨损，保持较好，局部缺损、开裂。

9. 主教堂 A4 耳堂现状

位置示意图
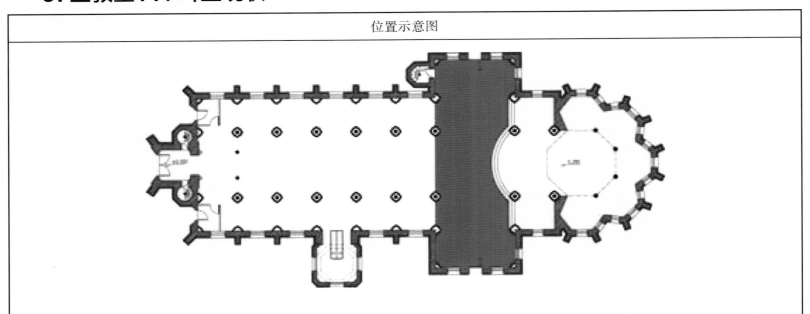
主教堂 A4 耳堂示意图
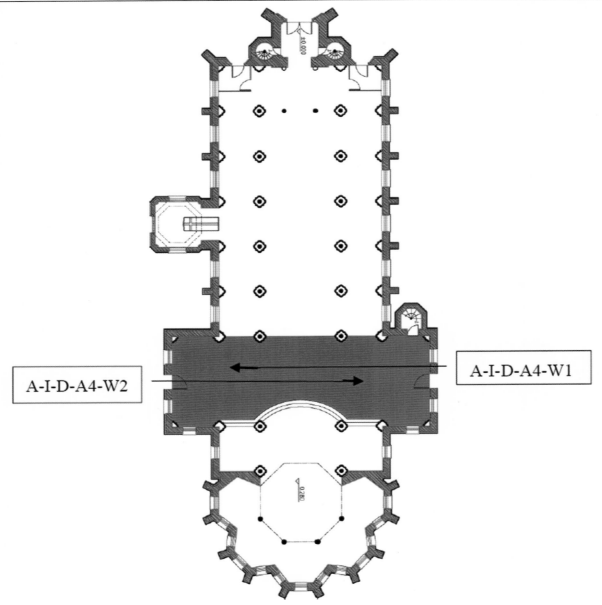

耳堂在火灾后，屋架烧毁、屋面塌陷、束柱上部及拱顶烧毁。

耳堂北立面二层平台被烧毁；南立面二层平台留存，其底层花饰线脚粉刷平顶，粉刷酥松、有水迹，剥落。二层平台上木栏杆松动、损坏，表面油漆脱落。

耳堂地面为后期铺设的地砖，表面磨损，局部缺损；二层平台木地板松动、下挠，表面油漆脱落。

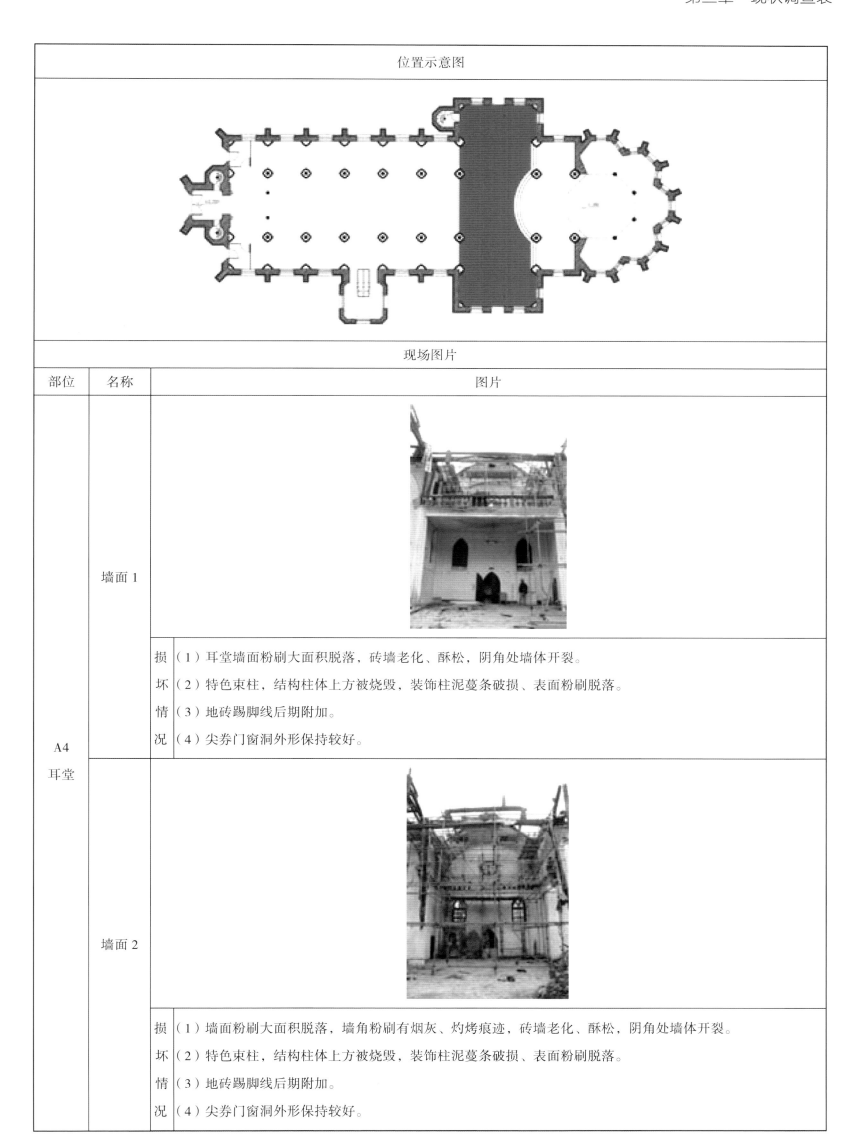

位置示意图		
现场图片		
部位	名称	图片
A4 耳堂	墙面1	
	损坏情况	（1）耳堂墙面粉刷大面积脱落，砖墙老化、酥松，阴角处墙体开裂。 （2）特色束柱，结构柱体上方被烧毁，装饰柱泥蔓条破损、表面粉刷脱落。 （3）地砖踢脚线后期附加。 （4）尖券门窗洞外形保持较好。
	墙面2	
	损坏情况	（1）墙面粉刷大面积脱落，墙角粉刷有烟灰、灼烤痕迹，砖墙老化、酥松，阴角处墙体开裂。 （2）特色束柱，结构柱体上方被烧毁，装饰柱泥蔓条破损、表面粉刷脱落。 （3）地砖踢脚线后期附加。 （4）尖券门窗洞外形保持较好。

10. 主教堂 A5 耳堂现状

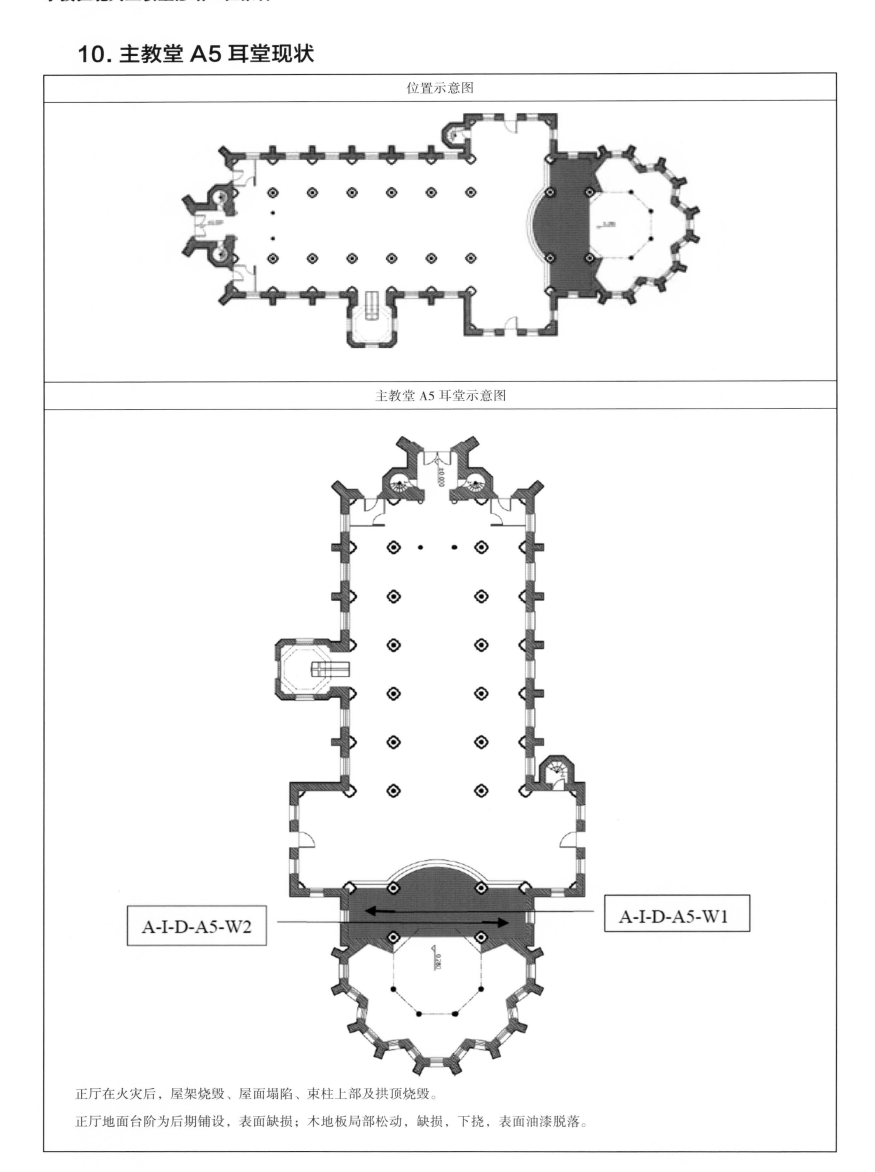

正厅在火灾后，屋架烧毁、屋面塌陷、束柱上部及拱顶烧毁。

正厅地面台阶为后期铺设，表面缺损；木地板局部松动，缺损，下挠，表面油漆脱落。

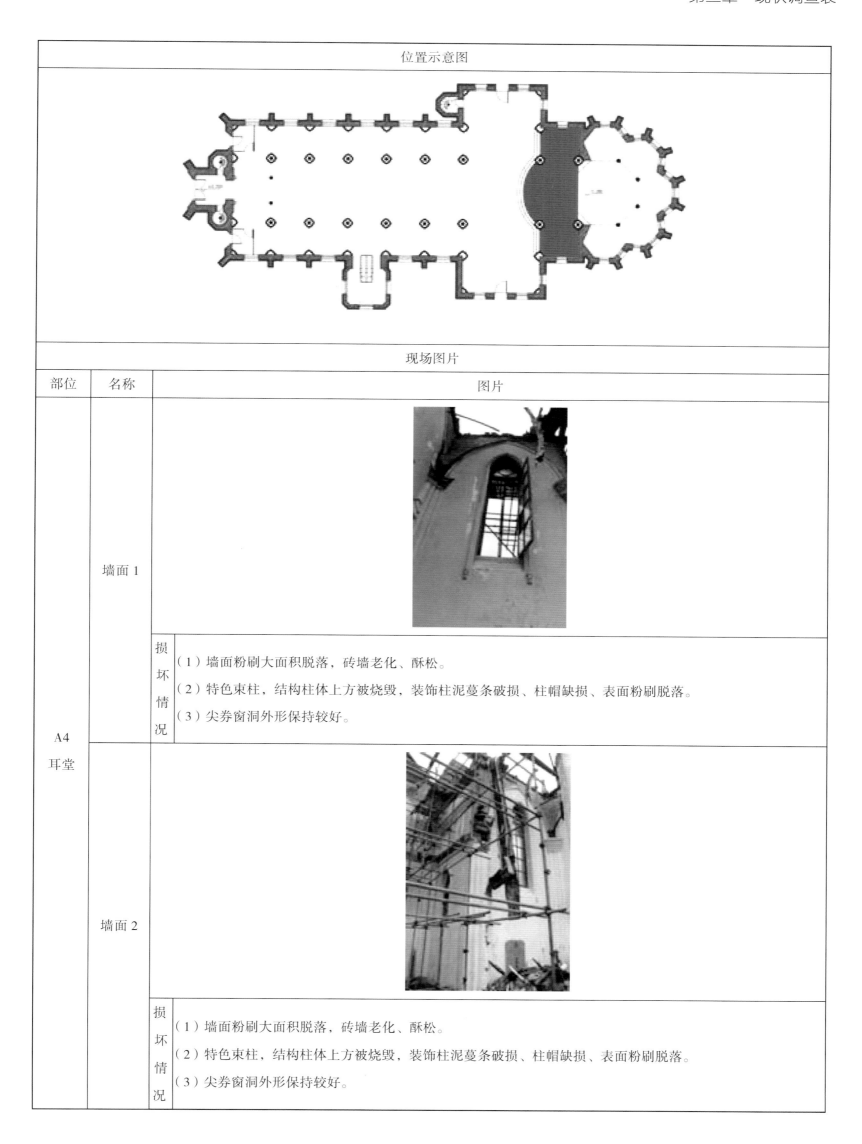

位置示意图		

现场图片		
部位	名称	图片
A4 耳堂	墙面1	
	损坏情况	（1）墙面粉刷大面积脱落，砖墙老化、酥松。 （2）特色束柱，结构柱体上方被烧毁，装饰柱泥蔓条破损、柱帽缺损、表面粉刷脱落。 （3）尖券窗洞外形保持较好。
	墙面2	
	损坏情况	（1）墙面粉刷大面积脱落，砖墙老化、酥松。 （2）特色束柱，结构柱体上方被烧毁，装饰柱泥蔓条破损、柱帽缺损、表面粉刷脱落。 （3）尖券窗洞外形保持较好。

11. 主教堂 A6 后厅现状

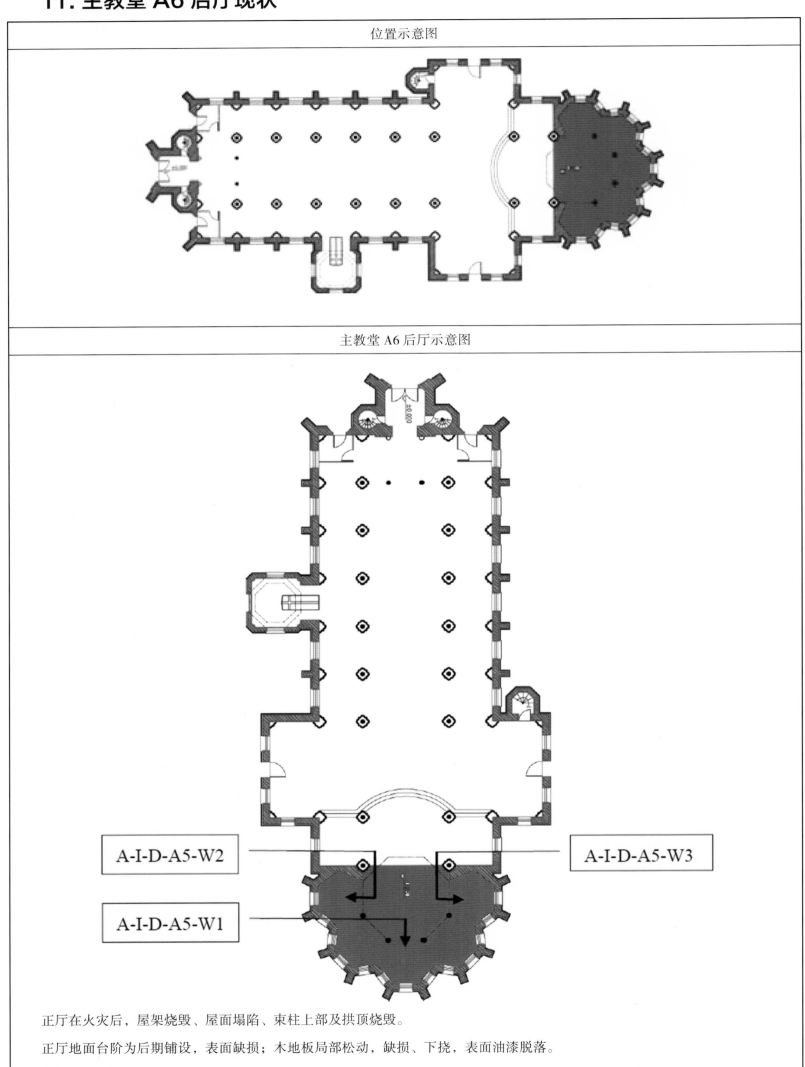

位置示意图

主教堂 A6 后厅示意图

A-I-D-A5-W2

A-I-D-A5-W3

A-I-D-A5-W1

正厅在火灾后，屋架烧毁、屋面塌陷、束柱上部及拱顶烧毁。

正厅地面台阶为后期铺设，表面缺损；木地板局部松动，缺损、下挠，表面油漆脱落。

		位置示意图		

		现场图片		
部位	名称	图片		
A6 后厅	墙面1			
	损坏情况	（1）墙面粉刷大面积脱落，墙角粉刷有烟灰、灼烤痕迹，砖墙老化、酥松。 （2）特色束柱，结构柱体上方被烧毁，装饰柱泥蔓条破损、柱帽缺损、表面粉刷脱落。 （3）尖券窗洞外形保持较好。		
	墙面2			
	损坏情况	（1）墙面粉刷大面积脱落，砖墙老化、酥松。 （2）特色束柱，结构柱体上方被烧毁，装饰柱泥蔓条破损、柱帽缺损、表面粉刷脱落。 （3）尖券窗洞外形保持较好。		
	墙面3			
	损坏情况	（1）墙面粉刷大面积脱落，墙角粉刷有烟灰、灼烤痕迹，砖墙老化、酥松。 （2）特色束柱，结构柱体上方被烧毁，装饰柱泥蔓条破损、柱帽缺损、表面粉刷脱落。 （3）尖券窗洞外形保持较好。		

12. 主教堂钟楼现状

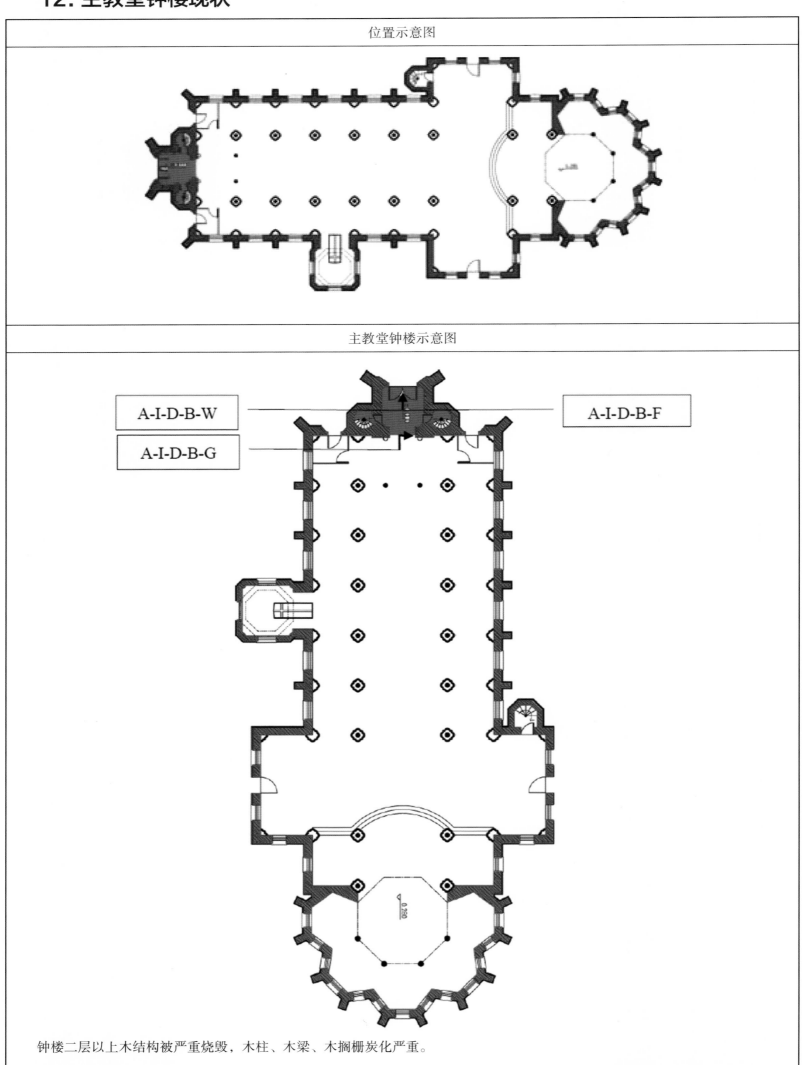

位置示意图

主教堂钟楼示意图

A-I-D-B-W

A-I-D-B-G

A-I-D-B-F

钟楼二层以上木结构被严重烧毁，木柱、木梁、木搁栅炭化严重。

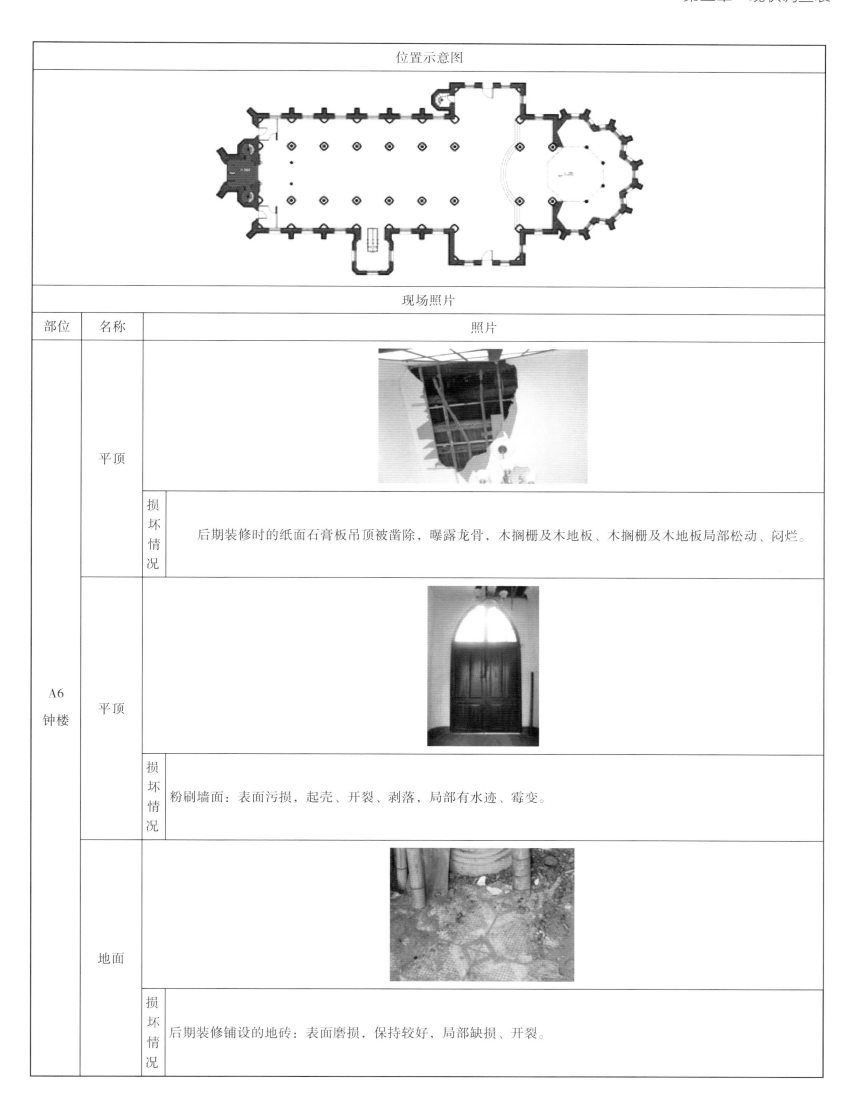

部位	名称		照片
			位置示意图
			现场照片
A6 钟楼	平顶		
		损坏情况	后期装修时的纸面石膏板吊顶被凿除，曝露龙骨，木搁栅及木地板、木搁栅及木地板局部松动、闷烂。
	平顶		
		损坏情况	粉刷墙面：表面污损，起壳、开裂、剥落，局部有水迹、霉变。
	地面		
		损坏情况	后期装修铺设的地砖：表面磨损，保持较好，局部缺损、开裂。

设 计 篇

第一章　方案设计说明

1. 工程范围和规模

1.1 工程性质

本工程为宁波江北天主教堂文物修缮工程，本修缮工程为天主教堂恢复性修缮工程。

天主教堂为一层砖木结构，房屋檐口处标高 8.500m，原屋脊处标高为 13.200m。钟楼处塔尖标高为 32.995m，钟楼内部建有 6 层木结构楼面。天主教堂建筑面积为 925m²。

建筑使用性质：教堂。

1.2 工程范围和内容

本工程范围为天主教堂为恢复性修缮。

（1）勘察文物建筑经火灾后所有历史保护情况。判断建筑构件损害程度，甄别损伤的原始文物的可利用度，剔除无历史价值的后期附加物。

（2）检查教堂中所有建筑构件、室内装饰等损坏情况，并予以归类记录。

（3）修理大楼内所有损坏部分和构件。具体为：

①屋面部分的复原

●拆除已焚毁的屋面残留构件（包括瓦片、望板、椽子、檩条及抬梁结构）。

●协调检查下部受力支撑结构（包括墙体、新立木柱及檐口花饰托架等）完好度。

●新立抬梁结构，安放檩条、椽子，铺望板砖，铺设青筒瓦，新做筒瓦屋脊。

●新做白铁斜沟、靠墙凡水等。

●修理屋面装饰构件（包括：石材制品的檐口花饰托架、天堂指针等）。

②钟楼及赵主教墓室屋面修理

●检查过火后屋面的完好度，按损坏程度进行修理。

●修理金属板塔尖屋面。

●修理钟楼砂浆屋面及花饰出线。

●修理混凝土楼梯间及墓室屋面。

●修理屋面装饰构件（包括：石材制品的檐口花饰托架、天堂指针等）。

③外立面的修缮

●清水墙面（包括清砖与红砖）修理。

●外墙装饰特色部位修理（包括清水墙门窗套、清水墙装饰拼花、砂浆窗盘、砂浆勒脚、石材勒脚线脚、墙体石材护角、石材门套线脚、石材装饰窗套、石材装饰线脚、石材装饰柱子、石材装饰小尖顶等。

●外墙面寄生物清理与整治。

●外墙面历史原状恢复（包括原有门窗洞口的恢复）。

④门窗的修缮

●原有木门窗修理。

●损毁的门窗重做。

●百叶窗修理。

●彩色玻璃的保护和修理。

⑤墙体的修缮

●检查墙体结构完整性。

●避潮层检查和修理。

⑥室内修缮

●拆除室内过火后经检测已达不到使用要求的构件（包括木结构柱、包在木柱外面的装饰柱、残留的吊顶等）。

●铲除损坏的粉刷，凿出地砖等。

●检修阁楼。

●新吊室内平顶。

●新立结构木柱，并恢复装饰柱饰；修理墙面粉刷，并做内墙涂料；铺设地砖。

●钟楼内各层阁楼在本次火灾中受损严重，此次修缮拆除损坏阁楼，按原样重新搭建。

●按教区要求恢复教堂内装饰和布置。

⑦教堂机电部分

●按规范要求教堂内需增设消防喷淋系统。

●教堂内电气工程应包括照明、音响等其他弱电系统。

●为满足需要，教堂内还设置分体空调系统。

2. 工程项目所处的地理环境、气象特征及场地条件

江北天主教堂地处宁波三江口交汇处，东临甬江，西沿中马路。教区由于靠近江边，受海风影响，空气较潮湿。

宁波是一个临海城市，一年中夏季和秋季易受台风影响，而此时正是汛期水位最高位时期。教堂地处的三江交汇口，三条江受雨水影响发大水在此会聚，在此季节江水常常会漫出堤岸，导致整个教区受淹。

教堂自建成后的 140 多年里，宁波市城市规模空前扩大，城市化发展的进程直接导致城市下沉的趋势，在此期间，宁波历届市政府一直在花大力气，努力使得这一趋势得到控制，并加速在这方面的投资，改善市政防汛设施和整个城市抗洪能力，其中一项重要的措施就是加高沿江堤岸和路面，使得城市在防汛防台期间不再受淹。

教堂离江面很近，作为国家文物在这样的条件和环境中将承受着不一样的考验。

（1）三江汇聚的海风，导致抗老化能力与一般建筑的不同。

（2）靠江边地下水对建筑的侵蚀比一般建筑要厉害。

（3）一年中的大潮讯期间，教区内常常会由于江水漫出堤岸而受淹。

①地理环境

●根据《宁波市地质灾害防治规划（2004—2020）》中描述：滨海平原地面沉降重点防治区。

该重点防治区包括市三江口中心城区（面积 30.9km²）。宁波市中心城区地面累计沉降量已达 200~484.6mm，沉降速率为 3~9.9mm／年，已对宁波市造成较大危害。

而 2012 年 6 月 20 日宁波市国土资源局网站公布的《2012 年宁波市地质灾害防治方案》一文中论述：宁波

天主教堂整立面

天主教堂附近发水前

天主教堂附近发水后

市中心城区地面沉降得到有效控制，2011年市地面沉降监测中心沉降量为4.8mm，累计沉降量为540.1mm。

从以上两篇文中我们可以发现，宁波中心城市近50多年来由于地下水开采，造成了地面大面积沉降。虽然近几年宁波市政府采取了有力的防治措施，延缓了沉降的速率，但是沉降的事实仍成为现实，三江口正是处于此沉降控制地带中。

●教堂所处的地理位置属于宁波市的宝地。此地块形象特殊——位于甬江、姚江及奉化江的交汇处。三江汇聚，教堂犹如三龙戏珠的珠宝，早期教堂建成后在三江附近的沿岸观察都能眺望到教堂的钟楼和身姿，令人夺目。

场地东侧为甬江，江道面积14km²，平均宽度408m，平均深5.72m，三江口至入海口河段长25.6km，平均流量每秒71.4m³/s，总流域面积4572km²。甬江属感潮河流，受潮汐影响较大，甬江与场地内地下水互为补给，有一定的水力梯度联系，未遇台风天和强暴雨期间对本场地基本无灾害性水患影响。

姚江和奉化江从其上游流下，途径宽阔的江面，汇聚至此，江面宽度收敛变窄，当南方夏季和秋季之时，山区及易发生暴雨和洪水，作为此两条江下游的汇聚地，此时水位飞涨。而同时若遇台风季节，通向大海的甬江潮位猛涨，正所谓此时三龙抬头，水淹三江口正是教堂所处位置的真实写照。

宁波市政府为了改善城市总体的防自然灾害的能力，加大力度对城市市政建设进行总体布置和规划，其中包括三江口的蓄洪和分洪能力，由于教堂所处地理位置正处于三江流过的突显位置上，按照城市防潮汛总体规划要求，此地块应为大潮汛期间的防洪泄洪区，故一旦进入历史高潮位时，该区域将会被淹。

②气象条件

●宁波市气候属北亚热带季风气候区，温暖湿润，雨量充沛，四季分明，光照强。气温和降水受自然地带、季节环境和地形的综合影响，随冬夏季风而变化。冬季盛行西北风，以晴冷干燥天气为主，是本区低温少雨季节，春末夏初为过渡时期，气旋活动频繁，冷暖空气交替，习称"梅雨季"，夏秋7~9月间，主导风向以东南偏南风为主，并常有台风侵入及暴雨等灾害性天气。

③场地条件

●教堂场地由于地处江边，原最初建造时，地势西高东低，从建筑场地地质勘察结果及实地开挖统计显示数据分析，此形态是符合沿江堤岸特征的。

由于逐年地面整体下沉，室外地坪已比历史地面抬高 0.55~0.80m。相邻几栋建筑原虽比教堂建造晚，地势也比教堂高，但抬高场地后，这些建筑原有的室外踏步也局部被湮没在抬高的路面中。

●根据浙江华厦工程勘察院提供的《岩土工程勘察报告》中所述，教堂场地地下水为浅层孔隙潜水，地下水附存于浅层杂填土和粘性土层中，上部杂填土透水性较好，含水量较多，下部粘性土透水性较差、水量贫乏、属微透水性，是相对隔水层。据宁波市有关水文资料，该区高水位一般出现在 6~9 月份，低水位出现在 12~ 次年 2 月份。地下水位埋深 0.80~1.10m 左右，高程在 1.61~1.42m，常年水位变化幅度一般为 1.00m 左右。

由于拟建场地地下水位埋藏较浅，经毛细作用和雨水的淋漓渗透，土中的可溶盐已基本溶于地下水中，因此土中的腐蚀性盐类含量低于或接近于地下水中的含量；场地地基土对建筑材料的腐蚀性评价可与地下水一致。

3. 保护措施（建筑、结构、水电）

3.1 建筑修缮——保护措施及主要施工方法与技术说明

3.1.1 教堂焚毁屋面的复原

（1）注意事项

①首先应拆除已焚毁的所有屋盖系统，拆除时应注意与现存的结构连接构件的的完好性，切不可硬拉猛敲，以免对周围的构件产生破坏。拆下的损毁构件应做好记录，包括构件的规格和周围构件的连接尺寸和方式，以待在恢复屋面结构时参考运用。

②现场留存的原有瓦片、望板砖等屋面损坏残留部分不应轻易废弃，因为这是加工复原屋面材料的依据。我们应通过它来复合设计方案中所选用的材料的准确性，如发现设计材料与留存的历史材料不相吻合时，并考证确实属于历史原物时，可以推翻原来设计定的材料，选用与历史材料相似的材料。

③教堂内原焚毁的建筑痕迹（如墙体上遗留下的结构安装的痕迹、墙面上留下的吊顶痕迹、屋檐口留下的椽子安装的痕迹以及阁楼进墙搁置的痕迹等等）在施工前都应保护好，留待屋面和内部吊顶复原时参考所用。

④由于本次设计已无历史原物可参照，因此新配的结构材料应与留下的以上所述这些痕迹相比较，如有问题，应与设计商量共同寻找解决办法。新配结构应严格按照结构标准和要求备料，不可随意接长或改变材性。

⑤本次复原的屋面仍参照历史原样进行恢复，原历史屋面的内部结构为木结构，所有木结构的用材及构造做法均详见结构图。在木材的保护上仍采用传统的防护方式，即木材外面涂刷桐油，以防干化和开裂。

⑥将来在恢复吊顶后，屋面结构内的防火是一个重要的内容，根据规范，教堂内及吊顶内的屋面结构空间将增设喷淋系统。

（2）复原的教堂屋面施工做法（抬梁结构做法详见结构图）

在抬梁结构的檩条上铺设钉木椽子（椽子的规格详见结构图），椽子的间距为180cm，椽子上铺望板转，上用石灰砂浆窝青筒瓦底瓦。面盖请筒瓦盖瓦，相互垂直的两个屋面相交时的戗角处用24号镀锌铁皮做斜沟。

屋面沿口处的瓦片应按历史照片资料加工相同样式的封檐筒瓦，本项目中椽子不出檐，出檐屋面的承重由檐口处的檐口花饰托架承担，檐口处的细部做法均见留存的屋面檐口样式。

（3）钟楼屋面修理

损坏状态：

钟楼尖塔金属屋面过火后表面油漆以燃烧后失效，局部金属板表面露出底子后已生锈，塔顶老虎窗已烧毁。损坏原因：是由于教堂屋面燃烧时火势已危急到了钟楼，钟楼内部的木结构也大部受损，虽然从外表面看钟楼屋面表面结构安然无恙，但内在的隐患依然存在，主要表现在以下几方面：

①钟楼的金属尖塔内部的结构是木结构的，这次在火灾中也受损了。

②钟楼的铜钟由木梁受力传到钟楼的顶端的墙上，而屋架体系作为墙体的连接稳定部分，其作用受到了影响。

修缮方案：

因为钟楼内上至该屋面的楼梯已烧毁，故给调查工作带来了难度，只能根据现场实际情况做一个概念性的修理方案。修理前应对所有焚烧后尚存的、已炭化的构件进行调查，掌握第一手的历史资料，以便恢复时作为参考依据，在调查完毕后再进行拆除钟楼内焚毁构件。但拆除焚毁构件前一定要保证钟楼内所有历史物品（铜钟、时钟及机械构件以及受力的挂钩及其他物品）的完好，特别是钟楼的金属尖塔屋面的外形完好是修缮钟楼过程中须认真对待的事项。由于支撑屋架受毁，在修理时需用新做屋架去代换它。理应会产生许多施工工艺上许做的保证安全措施，其中包括结构安全、文物保护的安全以及施工人员的安全。

待内部屋面结构加固完毕后，再对外面的金属屋面进行检查和修理。首先须对过火后的金属板进行可靠度检测和分析，如不满足要求须进行原样制作更换，更换的材料不仅外形要一致，内在的材性也应一致。如检测合格的话，只需对外面进行校正修理后，外面进行油漆保养。

（4）钟楼及赵主教墓室的混凝土屋面修理

损坏状态：

经勘察由混凝土材料做的这些屋面从外形上看保存的还可以，但从饰面的表面分析，材料风化程度还是较严重的。

损坏原因：是受日晒雨淋、冷暖冻融、风雨侵扰、环境污染等自然因素造成的。

修理方案：

混凝土屋面表面的防炭化措施：在外露的混凝土结构表面涂刷渗透型混凝土炭化保护剂，能有效地阻止混凝土炭化。

混凝土表面如有损坏用相似颜色的修复砂浆进行修补。表面有轻微毛糙、凹凸不平处，原则上不予修补，保留其历史沧桑感。修理完毕后，外表面喷涂憎水性无机硅保护液予以保护。

3.1.2 教堂外墙墙体修理

外墙墙体由于着火后，屋面坍落对原结构墙体会产生一定的影响，从现场踏勘以及检测报告调查的结果分析，墙体在上部产生了一定的损坏。主要有以下几方面的内容：①上部砌块砖局部松动；②砖墙松动开裂或局部坍落；③过火处青砖烧红局部发白。

除以上损坏外，教堂的原有墙体还存在局部墙体阴角处砖墙拉开，局部上方墙体砖墙竖向通长拉开及等等。墙体上还有局部变形。

以上这些损坏情况一些是由于火灾引起的，另一些是在平时使用过程中持续发生的，故在修理时，应根据实际情况采取不一样的修理措施。

①对于上部局部松动的墙体可采取局部拆砌的修理方法进行修理，注意拆砌时第一要小心拆，然后砌筑时要注意砂浆的配比和灰缝的整齐，平整。

②墙体开裂修理。

墙体开裂应区分结构性裂缝和非结构性裂缝，如发现由于基础断裂引起的墙体开裂，或者墙体由于严重变形造成的开裂，以及组成墙体的砖块压溃断裂的开裂，甚至砖与砖之间砂浆粘结失效产生的过大缝隙的开裂等均认为是结构性裂缝，除此以外均为非结构性裂缝。

修理裂缝时，首先应对建筑的墙体进行全面检查，特别应加强"文物建筑勘察报告"提示的开裂位置进行复合检查。对墙体开裂部分进行标识并做好记录，然后对照设计文件分析原因来判断裂缝的类型，再进行修理。裂缝的详细判断和修理方法详见结构说明部分的墙体裂缝修理内容。

3.1.3 教堂避潮层的检查和修理

（1）损坏状态：根据现场勘察，由于室外地坪垫高后，原石材墙基已失去墙体防潮作用，底层墙体存在底部墙面粉刷疏松、返潮、霉变等现象。

（2）损坏原因：由于室内外地坪整体抬高，原石材墙基已失去墙体防潮作用，引起砖墙墙体内毛细水上升，并析出墙体。

（3）修缮方案：在底层墙体底部部位进行化学注浆，以抵御来自外部地下毛细水的侵蚀。

①化学注射方法修复避潮层设计原理：将特种防水剂沿钻孔进入墙体后，防水剂一方面通过毛细作用进入材料中，另一方面沿墙体内裂隙、薄弱带渗透流动扩散，使钻孔周围的砖体的毛细系数降低，在孔的周围形成防水带，防止毛细上升水。

②化学注射方法修复避潮层施工准备工作：由各方共同确定避潮层修复的墙段范围，并在平面图上标示，施工方以此为依据进行施工。步骤一：拆除室内墙根处护墙板或墙面瓷砖，凿除墙根处内侧粉刷，高度500mm，表面清理。步骤二：外墙从内向外打孔，内墙可从任何一侧打孔：φ=90~22mm，孔距离地面300~500mm，间距100~120mm，角度 α：25~30°，孔深（240mm的墙体，深度约210mm，490mm墙体约480mm）。孔眼应选择在砖缝间。

步骤三：勾缝。

步骤四：注浆。

步骤五：一天后，用清浆封护。

步骤七：墙根500mm高度防水封护。

3.1.4 教堂外墙面修理

（1）青砖及红砖清水墙修理

损坏状态：外墙面清水砖风化严重，大量清水砖有缺损。由于长期受雨水侵蚀导致局部清水墙墙面碱蚀、剥落、清水砖红砖与砖缝的砂浆风化严重，引起内部局部墙体渗水。部分清水墙面被后期用砂浆修粉过，玷污了原有建筑美感。

损坏原因：主要分为以下几种类型：

①风化腐蚀：由于日照、温差变化、潮湿空气侵蚀、风沙等原因导致砖表层剥落、强度降低；

②植物：由于植物及潮湿引起的苔藓对砖的腐蚀；

③泛碱：潮气循环作用导致砖墙内盐分积聚过多并被水份带出，发白。

④构造失误：砖墙的构造特征与砖的材料特性不符，如凸角过于尖锐，悬挑过多等，在日常使用中导表致一的损坏；

⑤人为因素：在建筑的使用于维护中，使用了不当的技术手段和材料。

修缮方案：对清水砖墙的修缮，根据砖墙破损程度的不同，大致可分为三种策略：选择性重砌、修复和维护。事实上，这三种策略所涵盖的工艺类型是相似的，都包括以去除表面污损为目标的清洗、以形态修复为目标的重砌或砖粉修补和勾缝、以减少盐分增加强度为目标的排盐和表面增强处理、以防潮为目标的防潮层处置和表面憎水处理。不过在不同的破损程度和破损类型情况下，每种类型的措施选择，以及工序会有所不同。

　　选择性重砌是针对砖墙大面积破损、缺失、或砖墙已经被其他材料替代的情况。本案所有建筑不存在此情况，不需要重砌。维护则是针对砖面保持完整，可能有无损或轻微风化的情况。清水墙灰缝损坏，应剔除、清理损坏的灰缝，然后采取无清洁剂的低压水枪清洗，使用砖石表面增强剂增加强度，使用排盐灰浆进行排盐处理，修正勾缝，并对墙体的防潮机制进行检查和修复，墙体表面进行憎水处置。

　　修复是针对风化比较严重，或局部被覆盖，但整体稳定性尚佳的砖墙。

　　对于风化超过 1/2 的旧砖，将其抽除，并以旧砖或以传统工艺烧制的新砖代替，并做旧处理；对于风化不超过 1/2 且大于 20mm 的部位，剔除后使用旧切割的砖片修补；对于风化在 2~20mm 的部位，采用旧砖磨制的砖粉修补；分化小于 2mm 的砖面使用砖石增强剂增强。后续处理同维护类型。

　　清水墙修缮的步骤：

　　①基层处理

　　（a）先对清水墙面用清水进行清洗，使得墙面上的污垢、原有残留的涂鸦等疏软、剥离、融化。

　　（b）清除清水墙表面的风化、酥松、剥落部分，凿除后修补的有悖于历史原状的所有修补材料（如用水泥砂浆修补且强度较原清水砖强度高出很多的修补材料、修补材料明显不相似、修补材料的颜色与周围不一致以及与历史建筑立面逻辑不一致的修补行为）。清除时应采用扁平凿子，轻轻敲击，尽量不破坏原来的清水墙面，凿除时应按每块砖为单位，凿除后外观应平直规整，表面基本干净，凿除后的表面刷砖墙增强剂再根据墙面不同的破损情况分类修补。

　　（c）外墙面贯穿开裂处采用压力灌浆进行修补。

　　②清水砖墙面的修补

　　（a）风化厚度小于 2mm 以下的清水墙面，原则上不修，以增强历史沧桑的美感。

　　（b）风化厚度 2~20mm 之间的清水墙面（此损坏情况属大部分的损坏情况），用砖墙低碱性修复砂浆打底，表面留 2~3mm，用砖粉修补。

　　（c）风化厚度大于 20mm 以上的清水墙面，先将厚度不一的砖片用低碱性砂浆粘贴，然后表面用砖粉修补。

　　（d）原始砖缝的形式为平缝，采用勾缝剂嵌缝，但必须注意勾缝颜色应参照原始勾缝材料的颜色

　　（e）所有清水砖墙修补完毕后，表面统做憎水性有机硅保护液予以保护。

　　清水墙修缮的注意事项：

　　（a）避免用大量的水清洁墙面，大量的水会导致墙体深部的盐分活化。

　　（b）泛碱明显而且又具有重要意义的部位，可以采用排盐纸浆排除掉盐分。排盐的时间一般需要 2 周，而且要根据气候条件需要保护被排盐的部位。

　　（c）修缮采用的材料需要尽可能为含盐量低的石灰类材料，避免修缮时带入新的盐分。

需修缮清水墙的典型照片

（2）水泥勒脚、窗盘修理

　　①损坏状态：粉刷墙面外局部墙面粉刷起壳、有裂缝，粉刷砂浆局部风化严重，窗盘缺损开裂等损坏。

　　②损坏原因：由于长期雨水侵蚀、阳光暴晒，温度变化和冻融等自然原因。

③修缮方案:

外墙砂浆粉刷起壳修补:墙粉刷空鼓起壳可分为基层起壳和面层起壳两种类型。经检查,凡基层起壳,无裂缝,起壳面积在 $0.1m^2$ 以内,基层强度较好,可维持原状;基层砂浆酥松,起壳面积大于 $0.1m^2$,应凿除重做。凿除旧粉刷必须方正整齐,修补时新旧粉刷要求用料力求一致,粉刷面平整密实。修补前必须用水将基面浇湿洗清,并将所有松动、风化砖面及浮灰全部扫除洗清,将原有墙面裂缝较宽处用水泥砂浆嵌补密实,全部基面刷界面剂,然后括糙粉底层;面层起壳,面积大于 $0.1m^2$,应凿除重做。面层酥松、剥落,基层强度和整体性较表好一,可凿除面层,局部修补。

外墙粉刷裂缝修复:粉刷面层裂缝,宽度在 1mm,长 100cm 以下,无起壳现象,可进行嵌缝处理,根据裂缝的深度、方向,将其扩凿成"V"型沟槽,清刷净浮渣和灰尘,浇水湿润,用水泥砂浆分层补抹牢固、严实平整后,重做水泥砂浆面层。裂缝宽度超过 1mm 或裂缝同时起壳的,应凿除重粉。

外墙粉刷修粉前应浇水湿润涂刷界面剂,然后用与原面层材料相同的砂浆修粉。

(3)外墙寄生物清理整治

①损坏状态:外墙面有一定数量的植物污染。

②损坏原因:外墙面自然风化后的缝隙和坑洼由风力和鸟类将植物种子带入,或则潮湿引起苔藓生长。

③修缮方案:

将寄生物清理干净,注意一定要将根系一并拔除,待对墙面修理完毕后,阻塞继续产生寄生植物的通道。

(4)外墙面历史门窗洞口恢复

①损坏状态:外墙面南面墙面靠耳堂边原有一樘门,现被封闭,封闭砖墙的痕迹仍清晰可见保存着。

②损坏原因:是由于历史使用原因(功能封隔需要)而将其封闭。

③修缮方案:

此次修缮拟将封闭门洞的砖墙拆除,恢复原来的木门,拆除砖墙时应做到小心轻敲,拆除的步骤应从封闭门洞砖墙的中间开始。然后向四周进行。拆至接口处应小心慢拆,以免损坏历史墙体。拆除后封的砖墙后,修理接口处的门洞墙体的方法参见清水墙修理方法。

需修缮门窗的典型照片

（5）外墙石材线饰和花饰

本次外墙石材线饰和花饰以原件原样修复为原则进行修缮，为保存建筑历史原样在修缮中应尽量做到能修补的修补，能加固的加固，能粘接的粘接。对历史原物在修缮加工处理过程中，不但规格尺寸不得随意改变，而且应原物再现，不需创新。

材料样板试作单位应首先完成样板段的石材外墙清洗工作，待设计单位书面确认后，方可进入下阶段的施工。

（1）损坏状态：

外立面中有较多富有艺术特色的线饰和花饰都是采用石材制作的，这些东西的表面经日晒雨临后，饰面表面风化严重，初看表面类似砂浆的颜色。经现场勘察，这些石材破损的里面露出了内部材质，初步分析似乎是青石制作。损坏现象包括：风化、老化、开裂、缺损、泛碱、有污迹等。

（2）损坏原因：自然老化和人为损坏。

（3）修缮方案：

I.清洗及表面

（a）清洗方法选择

应根据墙面材质、建筑部位、污垢产生的原因和程度，采取不同的清洗方法：

A.清水冲洗法；

B."中性"清洁剂清洗；

C.敷贴法清洗；

D.湿法喷砂法清洗；

E.专用清洗济清洗。

清洗要点：清洗前，清洗前应进行污染状况调查，分析污染原因，并经试样确定清洗材料和工艺，符合清洗效果后、再进行全面施工。使用清洗剂，应验证对石材无腐蚀污染作用。清洗后酸、碱残留量，应符合有关标准规定。采用专用清洗剂，其废液应专门收集，并应在污染去除后，立即用水清洗干净。清洗施工，应符合现行环保标准规定。做好环境及人员的防护措施和废弃物的收集处理。冲洗废水的排放，应符合城市污水排放的有关规定。清洗后的线饰和花饰应做到历史真实的展现，线饰平整而清洁，色泽斑驳而均匀。由于石材的颜色的变色是一个自然变化的过程，其真实地展现了历史变化的过程，我们不主张将石材清洗到原来的水平。

（b）清洁剂的选择

A.测试清洗剂清洗效果选择典型区域的次要部位进行各种清洗剂的实验，各种清洗剂严格按照说明书的要求操作，完成的清洗面应加以保护。

B.选择清洗剂的生产商根据清洗效果选择合适的厂商。

C.选用清洗剂要点首选中性清洗剂，局部污垢严重处可先用少量微碱或微酸性的清洗剂。

D.选择合适的清洗剂根据清洗剂实验结果，选择经济合理、效果较好的清洗剂基层后，按设计要求重新加固。

II.石材缺损修复

A.修补、补配：当石材出现缺损或风化严重时可进行修补、补配。可采用以下方法进行修缮：剔凿挖补即将缺损或风化的部分用凿子剔凿成易于补配的形状，然后按补配部位选择相似的荒料，接口形状要与剔出的缺口吻合，露明的部位表面应按原样凿出糙样，安装牢固后再进一步"做细"，新旧槎接缝处要清洗干净，然后粘接牢固，缝隙处可用石粉粘合剂堵严。

B.照色傲旧：将高锰酸钾溶液除在新补配的石料上，待其颜色与原有石料协调后，用清水将表面浮色冲净，进而用黄泥浆涂抹一道，最后捋浮土冲净。

Ⅲ.石材的加固处理

A.风化疏松严重的基层，必须拆除重新安装。如表面风化但疏松不深于3cn，但安装原预埋铁件已松动，可重新卸下，清理基层后，按设计要求重新加固。

Ⅳ．接缝处修理

去除失效的接缝勾缝材料，将失效的勾缝砂浆仔细剥去。

勾缝砂浆应含有适宜的石灰含量以增加水密性和柔性，勾缝砂浆应该经过试验以确定颜色与原勾缝砂浆相近似。如有较深的裂缝可采用水性弹性腻子做底层嵌填材料，外层再用勾缝砂浆。

用气泵清理接缝，并湿润砌体。砂浆应分层填嵌，每层厚度不超过5mm，需待下层砂浆干透结硬后，再嵌填上一层。修缮后的墙面，表面做憎水性保护剂。

勾缝修缮方法同石材修理，主要用清水清洗，有污垢严重部位用中性专用清洗剂清洗、过净，待全部清洗修理完毕后，表面刷保护剂。

Ⅴ．修配缺损的石材构件

缺损的石材花饰及构件在修配时应仔细对比新配的石材与原始石材相近性，安装前应与原石材表面风化程度感官近似进行做旧处理。

石材花饰修理必须注意不能损伤该部分的棱角和细部，缺损处可用相似石粉加胶水进行修补。

需修缮外墙石材线饰和花饰典型照片

3.1.5 门窗修理

（1）损坏状态：

外立面上木门、木窗油漆起壳、油漆腻子脱落严重。木门、窗及窗框有腐烂现象，门窗局部变形，门窗樘四周开裂、开关不灵，一部分门窗翘裂严重，上下冒头腐烂。五金配件有缺失损坏现象，开启不便，玻璃缺损。部分后加建部位的外门窗均为钢窗，与整体风格不协调。

室内木门、窗变形、开关不灵，五金配件有缺失损坏现象，窗玻璃及门腰头玻璃缺损，门和窗油漆起壳、脱落、涂布过厚、开裂、铁件生锈等。

（2）损坏原因：阳光暴晒，雨水侵蚀，温度变化，人为损坏。

（3）修缮方案：

原木窗整修，木窗扇及窗樘凡腐烂严重的应根据具体情况予以部分或全部调换，新换窗、樘料规格和材质应与原窗料相同，玻璃等五金修复配全。木窗原油漆出白，批嵌打磨后抄油一度，调合漆二度，颜色为按原样。

凡玻璃损坏的均采用5mm厚净白玻璃修复，油灰采用同色油灰。

木门整修，局部损坏或腐烂的按原样修复，原木门油漆出白，批嵌打磨后抄油一度，调合漆二度，颜色为按原样为紫红色。

室内木窗按原样修复，修理方法参照室外木门和木窗修理方法，原有缺损的或在火灾中损坏的木门窗等均参照原式样门窗重做，重做门窗的材质应选用变形较小的耐候的木材。

百叶窗修缮的方法也同门窗修理方法。

在修缮过程，应对教堂内的彩色玻璃予以保护，如损坏的按原样配齐。

3.1.6 室内修缮

（1）室内的拆除部分

①拆除所有过火后、确认有结构安全的构件（包括木结构柱、梁、残留的已损毁的吊顶，以及结构柱外面封包的装饰束柱等）。拆除时应注意原始记录，一些有装饰特色的装饰构件拆除时，应做好档案记录以备后用。

②铲除教堂内墙面上损坏的粉刷。铲除前要做好记录，铲除粉刷时应铲除该修的墙面粉刷，注意不要修理扩大化。

③现有地坪地砖经此次火灾后，已损坏严重，已不适继续留用，故本次修缮拟将这些地砖拆除，因为这些地砖也不是历史原物，保留着也没什么价值。

（2）室内需复原和修理部分

①墙面粉刷修理：

● 损坏状态：

墙面粉刷起壳、酥松，粉刷开裂，部分内墙表面有渗水现象。内墙表面粉刷污损、起皮脱落，表面有裂缝现象。

底层局部避潮层失效，引起墙体内毛细水上升，并析出墙体，使得底层墙体粉刷疏松、长期受潮，发生霉变、剥落，表面涂料大面积剥落导致粉刷酥松。

● 损坏原因：自然老化及人为损坏，底层避潮层失效。

● 修缮方案：

砖墙粉刷部分：铲除粉刷的起壳及损坏部分，用1∶1∶6混合砂浆修补墙面。

②新做吊平顶：

● 由于教堂的屋顶全部焚毁，所以此次修缮的吊顶均为重做，大堂内重做的吊顶仍恢复原样，吊顶的形式为歌特风格的尖形拱肋交叉拱顶。吊顶龙骨采用经防火处理的木龙骨，木龙骨的吊筋吊至上部抬梁结构的檩条上，吊筋采用金属吊杆或角钢，详细的技术要求可参见国家的相应规范和标准。拱顶龙骨下钉木板条，木板条表面需做防火涂料，木板条外面再加钉钢板网，最后再做20mm厚掺纤维的1∶1∶4防裂砂浆。

由于该吊顶的造型质量要求高，故在翻样及制作龙骨时需要在场地上按实际空间尺寸制作，然后在实地吊装安放并固定。

做粉刷时不能一步粉到位，而应分层进行。

● 教堂内夹层楼板下的吊顶，做法也同上面相似，只是形式为吊平顶，高度按原有平顶高度吊。

③恢复原有装饰柱子：

● 损坏状态：

"皮已受损，毛焉能存"，教堂的结构柱子已损坏，外面的装饰柱子保存的再好，也无法利用了，因此必须拆除重做。

● 损坏原因：火灾引起的后果。

● 修缮方案：将所有装饰柱子均拆下，做好记录并备案，特别是柱头和柱脚的样式

恢复时必须按拆下装饰柱子的部分进行恢复。在封包柱子时，首先应对柱子结构进行保护，不能将封包的装饰柱子、随意钉在结构柱子上，而使结构柱子损伤，以免引起开裂。

正确的包柱方式是采用抱箍的方式将装饰柱与结构柱子予以固定。

新做的装饰柱子采用木抱箍做龙骨，沿柱子的径向间距300mm设置摆放。木抱箍需做防火处理，木抱

箍外按柱子造型要求钉泥塌板条，板条表面需做防火涂料，板条外加钉钢板网，最后再做20mm厚掺纤维的1：1：4防裂砂浆。柱帽可按历史原样翻模，用石膏制品制作后进行安装。柱脚的历史原状为青石，此次拟进行教堂抬升时予以恢复。

④恢复教堂原有地坪：

●教堂的地坪由于着火后，重物掉下时已对地面装饰造成很大破坏，此次修缮拟对现有地坪饰面材料铲除重贴。现在的地坪饰面是后期室内地坪抬高后重新铺设的，而非历史原物。此次修缮时拟挖开后铺的地面考证下面历史原物，以便在新铺的地面中进行恢复。

地面铺设地砖采用20mm厚1：2水泥砂浆进行铺设。

⑤教堂室内夹层和钟楼楼面恢复：

本次着火烧掉的教堂北面耳堂的夹层楼面以及钟楼内各层楼面在本次修缮中也按原样予以恢复。恢复的结构部分详见结构方案，夹层和钟楼楼面的地面均采用20mm厚启口木地板，地板表面按原样做紫红色地板漆。

⑥栏杆和台阶等：均按现有的样式进行恢复。

3.1.7 教堂修缮的其他事宜

（1）油漆及墙面涂刷工程

勘察需油漆或涂刷的部位和环境，分析现状损坏的原因、特点及内在联系，选用合适的油漆材料和工艺。

①材料

●防锈漆：所有室内外铁件防锈选用环氧富锌底漆为宜，因该防锈漆漆膜能在潮湿环境状态下工作。

●油漆保护层：室外木门及窗选用耐候漆或油性调和漆，漆膜内的不干性油和延伸性保护木料，使其不致过早风化，室内木门木窗选用油性调和漆。

室内涂料：环保型内墙乳胶漆。

●腻子：

室外木门窗：以油性腻子为宜，室内其他木装修则按操作工艺要求选用，室内墙面、平顶腻子则按内墙乳胶漆产品说明书要求选用。

②施工工艺及用料说明

室外木门、窗：全出白后，抄清油一度，批嵌后，耐候漆或调和漆二度（颜色同原有门窗颜色）。

室内其他木装修：全出白后，批嵌后，做调和漆三度。

室内平顶：批嵌后，刷白色内墙乳胶漆一底二面度。室内墙面：批嵌后，刷内墙乳胶漆一底二面度。

（2）白蚁防治

本项目木结构较多，白蚁防治是项目的重点，我们不能以侥幸的心理来对待这项工作内容，不能待蚁害发生后再进行处理。

白蚁防治要以防为主。

修缮方案：应请专业公司全面地、全方位进行白蚁灭治和防治，灭治时不但应对所有木结构进行灭治和预防，还应检查砖墙的缝隙是否存有蚁患。

（3）教堂修缮中的机电部分内容

①消防：此次火灾给我们敲响了警钟，教堂虽然属于国家文物，按文物法要求不得改变建筑的结构体系和历史原貌，我们在设计中恢复历史原状时必须按照这一原则进行，但是在保护前提下，增加一些消防设施来弥补历史建筑物先天性的不足是很有必要的。在本次设计中按规范要求，须增加消防设施及喷淋系统，以求得对文物建筑的最大保护。

②电气：教堂内电气工程包括照明、音响及其他的弱电系统。

③空调：原教堂内有分体式空调系统，此次修缮基本不作改变，仅对原有设备进行维护保养。

3.2 结构修缮方案

3.2.1 结构概况

宁波江北天主教堂，是一幢由西式建筑技术与本土建筑技术结合而成的一种非单一源流的建筑技术体系，其主要表现为采用中国的传统木架结构，房屋的墙体及砖、石墙承重则为标准的西式做法，而屋面的木结构采用了中国传统的做法。四周围护墙体墙厚为570mm，砌筑砖尺寸为40mm×125mm×275mm，四周外墙窗洞间墙体均有外凸翼墙，间距为3.9m，外凸长度650~750mm，墙体厚度为450mm，房屋檐口处高度为8.5m，原屋脊处高度为13.2m。

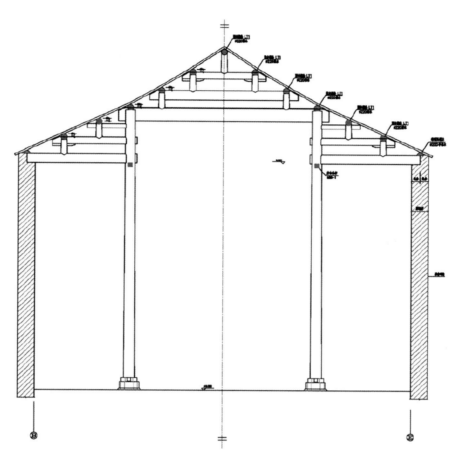

宁波江北天主教堂抬梁式木构架

从建筑结构上看，宁波江北天主教堂的做法是采用中国传统技术容易适应的木构架抬梁式做法，从而自然形成了坡屋顶形式的屋面，这样就契合了哥特式教堂的坡屋顶外形特点，只是屋面的坡度较纯正哥特式教堂坡屋顶来得平缓。木柱支撑梁架，以青石为柱础，建筑上并附四根小柱成束柱状，其外形相当美观。

教堂的内顶采用木筋灰板条拱券吊顶，悬挂在屋面的木檩条及木构架的梁架上，这使本教堂在其内部看上去就像是尖肋拱券结构。从其内部仰望，尖券从外形美观的建筑束柱头上散射出来，墙面、支柱、拱顶浑然一体，形成一种很强的结构动势。房屋的拉丁十字形平面的尽端的后厅，也采用中国传统的抬梁式木架结构，其屋面为传统的中国攒尖顶。

宁波江北天主教堂在其建筑材料上，也采用了许多本土传统建筑材料，其屋面采用筒瓦及小青瓦盖顶；墙体基本使用中国传统建筑所常用的青石筑基，墙体上部则采用青砖砌筑；宁波地产梅园石砌造入口。

江北天主教堂火灾前屋架照片

3.2.2 结构现状

江北天主教堂火灾后，主体房屋屋顶塌陷，四周围护墙体窗洞及窗洞下方墙体墙面粉刷基本完好，窗洞上方砖墙表面局部有灼烤痕迹，墙体阴角有开裂现象；房屋内部木柱及木屋架均严重烧毁；四周外墙局部墙面存在弓突现象，墙体多处存在明显风化现象，砌筑砖表层局部开裂破碎，墙体转角接缝处局部有开裂损坏现象。

房屋外墙砌筑砖强度等级评定均为小于 MU7.5，房屋外墙砌筑砂浆强度

推定值为 1.5MPa、2.2MPa。

江北天主教堂火灾后现状

中厅墙体阴角处砖墙拉开

底层外墙风化开裂

3.2.3 建筑结构修缮方案说明

文物建筑的修缮是一种既不同于新建筑营建也不同于普通建筑维修的项目，它的特殊性表现在以下两个方面：

（1）它受文物法保护，它的结构构件（如柱、墙、梁、檩、椽）均应基本按其原材料，原规格，原工艺进行相应的恢复。

（2）许多维修工作是随着施工的进展才逐步显露出来，设计也会全程跟踪整个施工过程。有鉴于此，施工单位的施工进度，应留有一定的余地，不得因赶工期而损坏本建筑的文物价值。

历史文物建筑修缮过程中的不可预见性因素较多，相应的施工计划及施工组织设计应为此留有必要的余地，改动的工程量应按实际情况详细纪录。

施工中发现在本建筑的柱础下、墙体中或者梁上有标示的建筑的金属或者其他古物，应予记录，拍照，上报文管部门。

各设计图是以测绘图为依据，由于旧建筑在当时，其本身的施工难免有误差，而且本工程中大部分构件已被烧毁，故设计图中的平面尺寸，标高尺寸以至构件尺寸，在施工前应根据现有残余构件予以校核，在制作前应予检查。

●火灾中被毁的各木构架的修复

因遭火灾，宁波江北天主教堂的各抬梁式木构架及木屋面多数被毁，对于上述的已被火烧毁的木构架及屋面木结构构件，在本次的结构修缮工程中，拟采用《落架大修》的方式，对其进行恢复。具体详见方案图纸。

本次落架大修，对于各抬梁式木构架及屋面木结构构件，应基本按其原材料、原规格、原工艺进行相应的恢复。

宁波江北天主教堂修缮工程中的落架大修，将恢复原始的木柱抬梁式木结构，其落架大修后的结构形式，和原始结构相同，仍为木结构、木基层、瓦屋面。

落架大修采用的各木材均为杉木，其木材的强度等级要求为TC11-A，木材的材质等级要求为Ia级。

本工程中所采用的木材均应严格控制其含水率，不得采用湿材，落架大修所采用的各木材，其木材的含水率不得大于15%，各木材均应采取防腐处理措施。各木材和石材及砖墙的接触部位均须涂防腐剂二度防腐．木材的防火涂料按相关文物部门及消防部门的意见进行施工。本工程中的各木材均须由有资质的灭蚁防治专业单位进行灭蚁及白蚁防治工作，木结构构件的外包装饰及油漆详建筑要求。

●教堂墙体裂缝的修缮根据现场踏勘，宁波江北天主教堂部分原有砖墙出现了不同程度的裂缝，不修补将难以保证修缮后的房屋正常使用和耐久性要求。对不同的墙体裂缝，拟分别采用以下方法进行修复：对缝宽小于5mm的砖墙非贯穿的结构裂缝，采用填缝法进行修缮。

采用填充法修补裂缝前，首先应剔凿干净裂缝表面的抹灰层，然后沿裂缝开凿U形槽，槽深不小于15mm，槽宽不小于20mm，填充材料采用改性环氧砂浆，改性环氧砂浆的各项指标应符合《砌体结构加固设计规范》（GB50702-2011）中的相关规定。内墙裂缝修补后，裂缝两侧各200mm宽原粉刷层铲除，加钉1.0厚钢板网后，重新采用聚和物砂浆粉刷，若裂缝在外墙，则裂缝部位仍按青砖清水墙修复。

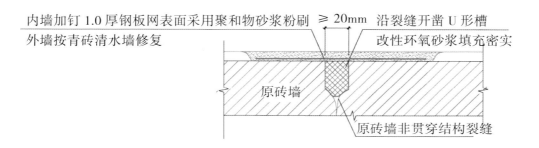

填充法修补裂缝示意图

对缝宽小于 5mm 的砖墙结构贯穿裂缝，采用聚醋酸乙烯乳液低压灌浆进行修缮。

墙体压力灌浆原理：墙体压力灌注水泥浆修补裂缝，就是在水泥浆液中掺入一定量悬浮剂，借助外来的气压，（如空气压缩机，手压泵）等，将浆液灌注到墙体裂缝内，提高墙体黏结力和抗剪，抗拉强度，达到加固及修复墙体裂缝的目的。

墙体室内部分裂缝两侧各 200 原粉刷层铲除，加钉 1.0mm 厚钢板网后，重新采用聚和物砂浆粉刷，粉刷层厚度同原。室外部分则仍按青砖清水墙予以修复，清水墙修缮方法详见建筑修缮方案。

聚酯酸乙烯乳液水泥聚合浆配合比

浆别	水泥	聚酯酸乙烯乳液	水	砂	可灌注裂缝宽度（mm）
稀浆	1	0.06	1.2		0.3–1.0
稠浆	1	0.055	0.74		1.0–5.0
聚合物砂浆					>5.0

施工工艺：

①表面处理：将松动砌块墙体裂缝两侧 100~200mm 以内及灌浆部位的抹灰层铲除干净，吹净灰粉。

②标定灌浆嘴位置：为便于浆液充满松动部位缝隙，当缝隙宽度在 2mm 以下时灌浆嘴间距可每 250mm；缝隙宽在 2~5mm，间距可为 350mm；缝隙宽在 5~10mm，间距可为 350mm，缝隙端部必须设嘴子。

③打眼：按上述的灌浆嘴位置处打眼，深度 30~40mm，直径稍大于灌浆嘴外径，打眼后，将打眼处的碎块及粉末清扫干净，并用空气机或皮老虎吹净孔中灰粉，务必使裂缝畅通。

④固定灌浆嘴：在打眼处，先用水冲刷，再用纯水泥浆涂刷以后再用 1：3 水泥砂浆将嘴子固定，为避免嘴子松动，固定嘴子时，应用手挤压砂浆，进入墙体的嘴子端部应无大空隙，以确保嘴子的固定。

⑤封闭裂缝：在已清理的裂缝两侧用水淋洒 1~2 次后，用水玻璃水泥浆涂刷 1 遍，再用 1：2 水泥砂浆封闭，封闭宽度为 200mm。

⑥灌浆：待裂缝封闭材料达到一定强度后，即可灌浆。灌浆前首先灌水，把水倒入储浆罐中，用 0.2~0.3MPa 的压力灌入适量的水，以保证浆液畅通，紧接灌浆，将配制好的浆液倒入储浆罐以 0.2~0.25MPa 的压力灌浆，直到不进浆或邻近嘴溢浆为止，灌浆顺序自下而上，边灌边用胶塞或木塞堵住灌过的嘴子。如施工过程中发现墙体局部冒浆时，应停止片刻，并予快硬胶堵塞，然后再进行灌浆。必须进行二次灌浆，即在 10~15 分钟内再灌一次，次序是从上而下。

注意事项：由于灌浆时压力较大，因此对边角墙及小断面砌体，在施工过程中，应严格控制灌浆压力速度，避免高压喷浆。在灌浆时，应随灌随清洗流到墙面上的浆液，以免干燥后不易清除掉，污染墙面。

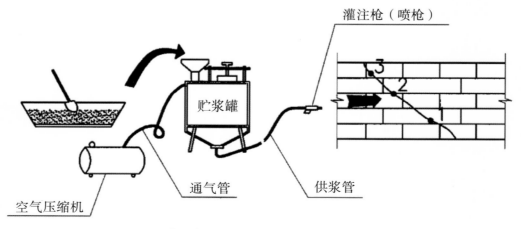

灌浆主要机具及工艺流程示意图

墙体裂缝大于 5mm 的结构贯穿裂缝，采用局部拆砌的方式进行修缮

拆砌前需结合现场实际情况，如有必要需先对拆砌部位墙体及其支承构件采取临时支撑（局部拆砌完成，砂浆强度达到设计要求后拆除），然后铲除墙体内侧裂缝两侧各 300mm 的粉刷层，沿裂缝两侧剔除所有断开及开裂的原砖块，并预留马牙槎，采用同原外墙大小规格一致的 MU10 实心砖 M10 混合砂浆镶砌，砂浆必须饱满，砌筑必须密实，外墙需按清水墙要求修复，外墙局部缺损严重的部位亦可将原残损砖挖除后镶砌修复。

外墙局部弓凸或外墙顶部松动部分砖墙均采用局部拆砌进行修复。

墙体交接处拉脱部位的修缮

教堂外墙阴角处多处墙体连接处被拉开，为保证墙体有较好连接，拟将拉脱部分砖块剔除，沿裂缝拆成马牙槎，由于外墙厚度为两砖，为避免影响到外墙清水墙，拆槎仅在内侧一砖。砖墙拆槎部位设置拉结筋，采用 C40 灌浆料浇筑，内墙按原样恢复室内粉刷。

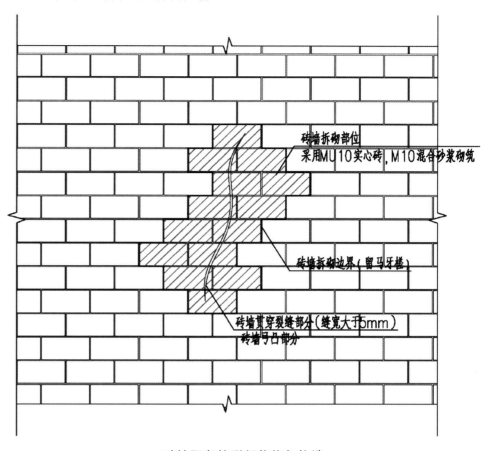

砖墙阴角拉脱部位修复构造

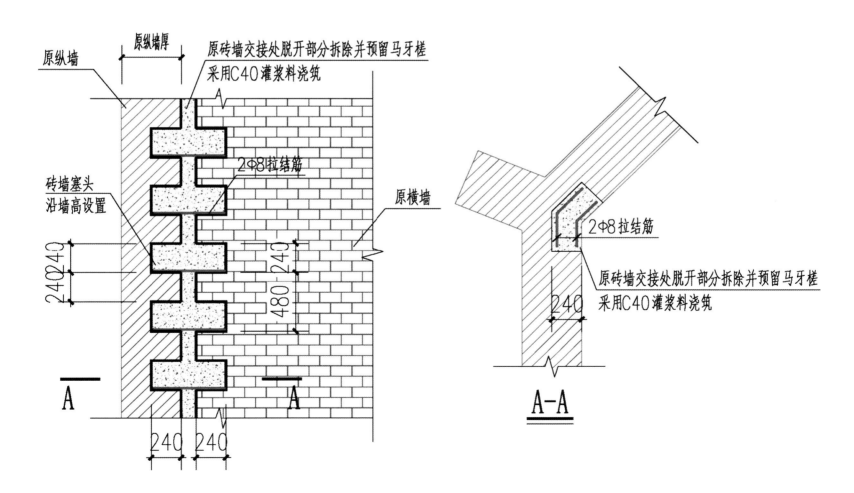

砖墙贯穿裂缝及弓凸局部拆砌修复构造

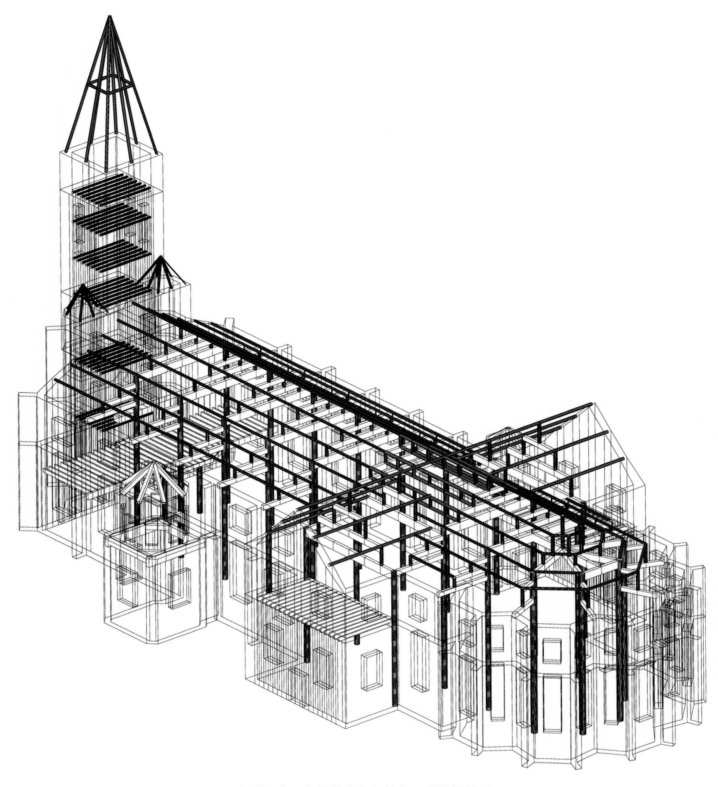

宁波江北天主教堂木构架恢复三维计算模型

3.3 强电设计方案说明

3.3.1 设计内容

（1）教堂照明、电力配电系统。

（2）建筑物防雷与接地系统。

（3）火灾报警及消防联动控制系统。

（4）泛光照明本设计只负责预留电源，具体设计由业主另委托专业灯光公司进行设计。

3.3.2 负荷等级及供电电源

（1）建筑内消防设备（消火栓泵、高压炮泵等）的用电、应急及疏散指示照明等用电为二级负荷，其他用电负荷均为三级负荷。本工程的二级负荷（消火栓泵、高压炮泵等）要求二路独立电源供电，并在末端自动切换；应急照明采用一路市电加灯具自带蓄电池方式供电。

（2）教堂内所有原有照明、插座、空调等用电电源原则上均利用原有配电箱引出。

3.3.3 照明系统

（1）照度：教堂：200LX。

（2）照明设计范围：教堂的一般照明，疏散指示及应急照明，泛光照明等。

（3）安全出口处设置安全出口灯，教堂内设置应急备用照明灯。

（4）应急照明灯和疏散指示标志，应设玻璃和其他不燃烧材料制作的保护罩。

3.3.4 线路敷设

（1）消防泵房内消防泵用电设备采用二路电源供电，并在末端自动切换，以保证供电的可靠性，消防设备配电装置应设明显的消防标志。

（2）一般照明、电力配电支线采用交联聚乙烯绝缘无卤低烟C级阻燃电线（WDZC-BYJ）在线槽内沿吊顶敷设或穿金属管（MT）沿墙或地坪下敷设。

3.3.5 安保及接地措施

（1）本工程低压配电系统的接地型式采用TN-C-S系统，电缆进户处需重复接地，接地电阻不大于4.0Ω。

（2）本工程原则上利用原有人工接地装置，本次修缮时需对原有人工接地装置进行实测，安全接地电阻要求不大于4.0Ω，如原有接地电阻不能满足要求，则须补打人工接地极。

3.3.6 防雷系统

（1）本工程天主教堂建筑群四栋建筑均为国保级建筑，故按照根据国家防雷规范，四栋楼均需按二类防雷建筑物新设防雷设施。

方案一

a. 接闪器：钟楼处塔尖采用避雷针，教堂主屋面采用25×4热镀锌扁钢作为避雷带；其他三栋楼采用25×4热镀锌扁钢作为避雷带，沿屋脊、屋檐敷设，组成一不大于10m×10m或12m×8m网格。

b. 引下线：采用25×4热镀锌扁钢，该引下线须通长焊接联通，上端与避雷带联通，下端与接地极联通，引下线的平均间距不应大于18m。

c. 接地装置：采用50×50×5热镀锌角钢作为人工接地极，要求每组引下线冲击接地电阻不大于10.0Ω，如达不到要求，则须补打人工接地极。

方案二

在天主教堂、主教公署屋面各设一预放电避雷针（或在地面设一两根独立避雷针），将建筑群内四栋保护建筑全部覆盖在避雷针保护范围内。此方案省时、省力，同时又不影响建筑物本身结构与立面，需防雷办认可的防雷专业公司深化设计。

（2）本工程电子信息系统防护等级为D级，在进户线配电箱处设置SPD保护。

3.3.7 电气节能

（1）充分利用天然光进行教堂室内照明。

（2）灯具应选用高效、节能灯具，并采用高功率因数的电子整流器，以达到照明设备节能的要求。

3.3.8 火灾自动报警系统

根据国家消防规范，本工程可不设火灾自动报警系统。如当地消防部门建议需要装设，可按照二级保护对象进行设防。

（1）采用集中报警系统，集中报警控制器需设在消防控制室内，该控制室可独立设置，也可附设在建筑群内某栋楼内。本工程建筑群内所有信号回路线、DC24电源线、消防电话线、消防广播线等均由该控制室内消防报警控制器、消防联动控制器、消防专用电话总机与应急广播控制器引出。

（2）火灾探测器类型的选择原则：公共走道、教堂大厅、办公室、会议室等选用感烟探测器。

（3）在每个防火分区内至少设置带一个带对讲电话插孔的手动报警按钮及声光报警装置。

（4）集中报警系统应设置消防应急广播，该应急广播可与普通广播或背景音乐合用，但应具有强制切入消防应急广播的功能。当火灾发生并确认后，应能同时向全楼进行广播，指挥人员疏散。

3.4 给排水设计方案说明

1. 工程概况

本工程为宁波江北天主教堂文物修缮工程，天主教堂为恢复性修缮工程，天主教堂为一层砖木结构，房屋檐口处标高 8.500m，原屋脊处标高为 13.200m。钟楼处塔尖标高为 32.995m，钟楼内部建有 6 层木结构楼面。天主教堂建筑面积为 925m²，体积约 7200m³。

危险等级为中危险 I 级。

建筑使用性质：教堂

2. 设计依据

《建筑给水排水设计规范》 GB50015-2003（2009 年版）

《室外给水设计规范》GB50013-2006

《室外排水设计规范》GB50014-2006

《建筑设计防火规范》GB50016-2006

《自动喷淋灭火系统设计规范》 GB50084-2001（2005 年版）

《自动喷水灭火系统施工及验收规范》GB50261-2005

《建筑灭火器配置设计规范》GB50140-2005

建筑专业提供的初步设计图及相关资料建筑单位提供的原始情况及相关资料

国家现行的相关给排水规范、规程

3. 设计范围

建筑红线范围内室内外给排水及消防设计。

4. 给排水、消防用水量

①生活用水量

办公室 30 人 / 日；

每人每日 40 升；

使用时间 8 小时；

小时变化系数 1.2；

日用水量 =40×40=1600 升 / 日；

最大小时用水量 =1600 升 / 日 ×1.2/8=240 升 / 小时。

②生活排水量

排水量 =40×40=1600 升 / 日；

③消火栓用水量

室内消火栓用水量 20 升 / 秒，室外消火栓用水量 20 升 / 秒。

④喷淋

喷淋系统用水量 21 升 / 秒。

5. 给排水、消防系统设计简介

①生活用水系统

水源：须从市政管网分别引入两路 DN100 进水，供应建筑内消防及生活用水。生活用水设水表计量，市政供水压力按 0.15MPa 计。

给水系统：经计算市政供水压力能满足最高层用水点水压要求故采用市政直接供水的方式，控制用水点水压不小于 0.07MPa。

热水供应：公共卫生间洗手盆热水采用小型 10L 容积式电加热热水器供应。

②生活排水系统

接入原市政排水管网，由于目前尚不清楚市政排水管网状况，若要深入设计则需待现场调查后才能确定排水形式。

③消火栓系统

每幢建筑根据法规规定设置相应数量的消火栓。

④喷淋系统

教堂喷淋分设成吊顶上和吊顶下两部分，吊顶上设上喷喷头保护屋梁和屋架，吊顶下由于教堂空间高距离大且又不能像办公室吊顶，常规的喷淋头已不能满足要求故现采用 K=115 的大功率侧喷喷头，其喷射距离可达 8m 以上。

大堂侧喷喷头装在 6.265m 处的柱帽上向当中喷水，水管则在平顶内穿行。

塔楼在 13.285m 处设侧喷喷头封闭火源。

⑤消防水泵

根据规范规定本工程需设高位消防水箱但由于宁波江北天主教堂属国家级文物建筑且无条件设置消防水箱，为达到规范规定现采用常高压方式。

A. 消火栓系统

设两台消火栓泵、两台消火栓增压泵、一个 300 l 气压罐。平时消火栓增压泵常开给消火栓系统加压，气压罐保压。失火时受压力信号控制启动消火栓泵直接从市政消防管网水管吸水。

B. 喷淋系统

设两台喷淋泵、两台喷淋稳压泵、一个 50 l 气压罐。平时喷淋稳压泵常开给消火栓系统加压，气压罐保压。失火时受压力信号控制启动喷淋泵直接从市政消防管网水管吸水。

⑥消防水泵房

需设 40 平方米消防水泵房一间。

6. 消防设备

①消火栓泵：

流量 =20 l/s，扬程 =32m，功率 =15kw，两台（一用一备）。

②消火栓增压泵：

流量 =5 l/s，扬程 =39m，功率 =4kw，两台（一用一备）

消火栓系统气压罐

150 l，一个。

③喷淋泵：

流量 =25 l/s，扬程 =33m，功率 =18.5kw，两台（一用一备）。

④喷淋稳压泵：

流量 =2.5 l/s，扬程 =36m，功率 =3kw，两台（一用一备）。

喷淋系统气压罐

50 l，一个。

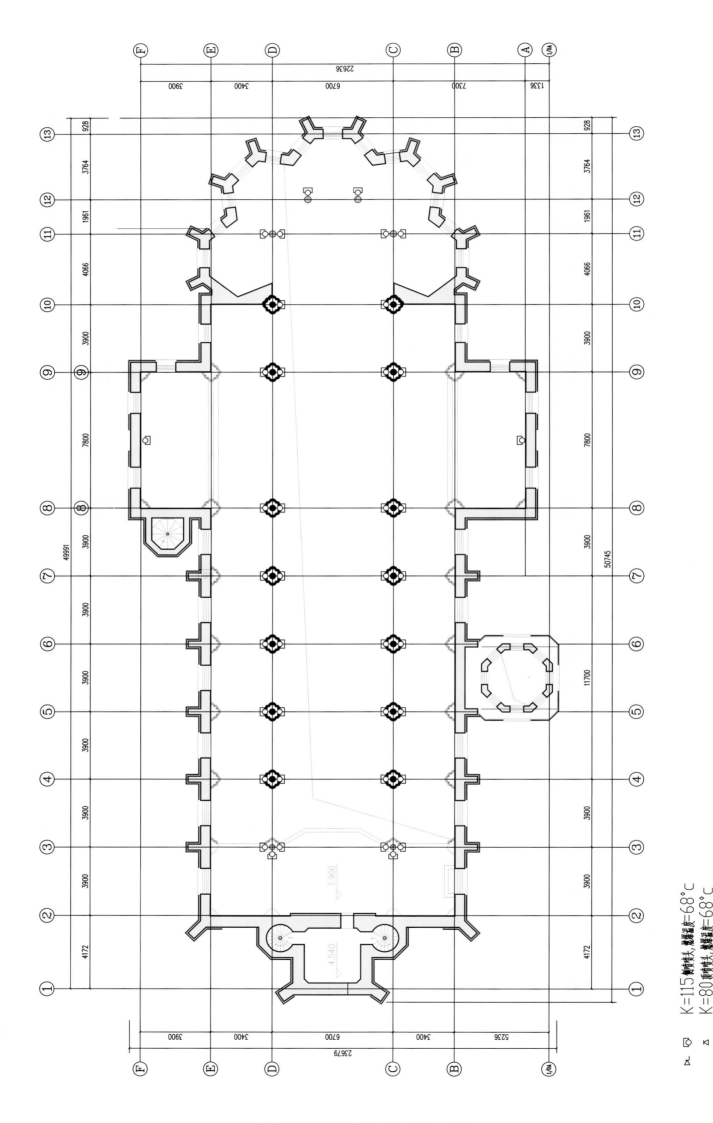

教堂吊顶下部分侧喷喷头平面布置图

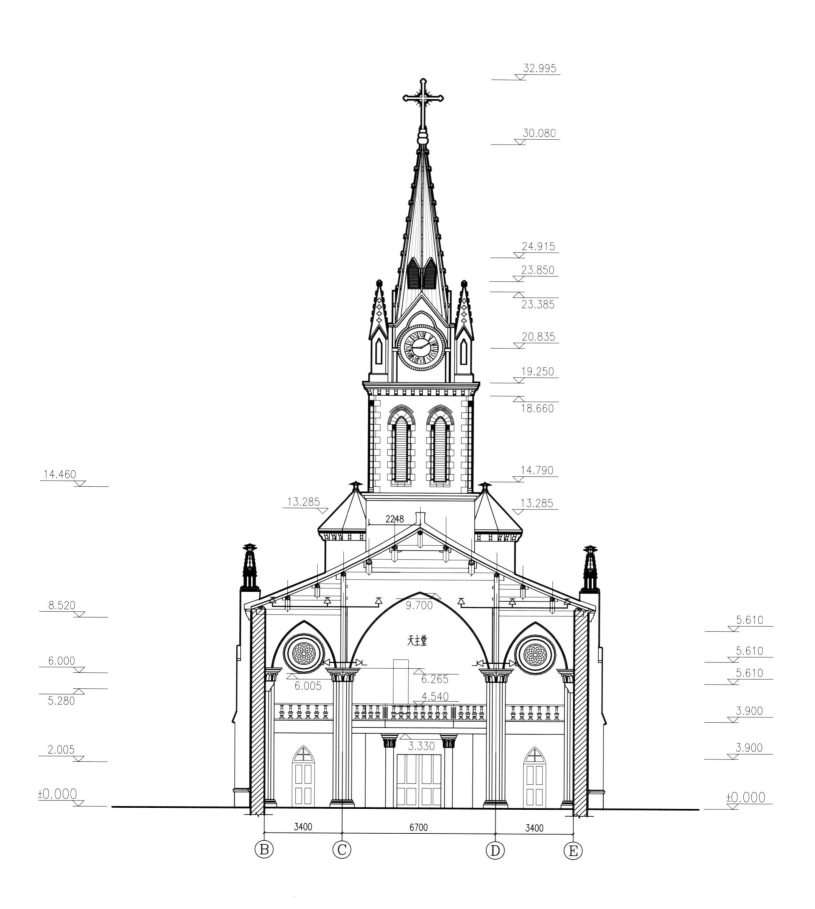

教堂喷头布置剖面图

4．方案设计中的相关重要问题的讨论

（1）建筑抬升必要性讨论（一）

前面所论，江北天主教堂建成的 140 多年里宁波城市发生了翻天覆地的变化。从现场分析，天主教堂也随着变化，与升高的地面做参照——在慢慢地下沉，这其中的原因有自身沉降的因素，及来自外部市政建设：抬高路面造成的累计。

根据资料分析钟楼门口路面比起教堂初建时期的路面，抬高了约 0.5m。更另人担忧的是，随着世界气候变暖，海平面也在逐渐升高，随之而来的问题是江水也正跟着城市市政建设的速度在慢慢上升，而具有 140 多年历史的天主教堂却只能无奈地矗立在原地，注视着周围的变化。

随着每年季节的交替，到夏季和秋季时，正是教区神父们操心和担心的日子，生怕此时潮讯和台风汇在一起，教堂东面的江水漫出堤岸，导致整个教堂区内受淹，教堂室内进水，从教区神父提供的照片中，我们可以看到，大潮讯时，江水已超过了堤岸，水位已将到达护卫栏杆上部的弧形横杆，据神父介绍，照片中的水位还不是记忆中的最高水位，当强台风和大雨同时肆虐的时候，江水将会没掉整个栏杆，水位会达到成人齐腰的位置，据水利部门提供的近年来江水水位统计数据来看，此一说法也得到了印证。

那么作为国家文物单位的天主教堂既然处在如此恶劣的环境中，有什么办法消除这些不利影响呢？唯一的办法就是将教堂整体抬升。

从历史文物保护的角度来看待抬升这一保护行为是合理的，并且也是必须的。理由是：

①文物的原真性保护：由于天主教堂在历史变化进程中一直处于被动的境地，以致将建筑中的一些真实的东西湮没掉了，如果通过抬升，可以将整个建筑的身姿恢复到建造之初的状态，室内和室外的建筑形态和空间将得到恢复。

②文物的完整性保护：作为宁波历史文明的体现——天主教堂的建筑文化呈现出独特的西方文化和东方文化完美结合的一面，要将这一文化完整体现给世人及后人，用一个不完整的建筑呈现给人们绝不是我们从事文物保护工作人员的初衷。完整的历史原貌恢复能帮助人们正确地了解和认识具有丰富历史价值的文物本体，通过它能够了解到近代宁波发展的历程，能够帮助人们正确理解西方建筑文化对中国的影响，能够体会到中国古老文化的博大精深。完整性地恢复教堂原貌犹如将近现代的宁波历史研究的活化石呈现给人们，让它与宁波的发展一直延续下去。

作为国家文物建筑，在保护过程中，我们该采取何种方式和态度呢？是采取维持现状姑息地不去改变它的应对态度，还是积极地根据现实情况找出一个切实可行，又对文物有积极保护作用的办法来呢？答案是不言而喻的，我们只有事实求实地、用务实的态度去积极应对才是对历史文化遗产的最大尊重。

那么抬升是不是唯一最好的保护方法呢，首先我们来分析一下，怎样才能达到保护文物的原真性和完整性的目的呢？要做到原真性只可能有两种可能：一种将教堂周围地面下沉，另一种就是将教堂抬高。

下沉式是一种被动保护的方式，其意义是恢复了建筑历史原状，但是要实现这一方案问题颇多，主要的问题是场地排水和周围环境协调，还有在日常使用中的停车问题、人流组织等一系列需统筹考虑的因素。但最根本的是不能解决大潮汛和台风袭击时江水倒灌的危险，如果到那时刻，这个具有 140 多年的国家文物将面临受淹的危险境地而教堂抬升只是在抬升阶段需要做大量的调查论证工作，这项技术现在在国内已经比较成熟了，国内相似成功工程的例子也很多，只要认真分析、仔细研究、合理验算、稳妥设计，就一定能把这项工作做好。

通过以上所述，比较此三种方案，利弊得失很明显，维持现状最不可取，无能导致教堂照样被淹。下沉方案看似有作为，但是它仿佛埋了颗定时炸弹，哪天会爆炸不知道，会令人时时担忧；抬升方案最理想，它既解决了安全问题，又达到了保护要求。

夜晚潮水已漫到栏杆的上部　　　　　　　　　　　　　　　　　退潮后院内积水

（2）建筑抬升必要性讨论（二）

据前面所论，似乎建筑抬升是较好保护文物建筑的一种方式，那么该抬升多大高度呢？是恢复历史的高度，将掩埋在地底下的建筑恢复出来似乎是一种较为可行的方案，但是这样做的效果能满足真正保护文物的目的吗？

首先让我们看一看由浙江华厦工程勘察院提供的《岩土工程勘察报告》和宁波市水文站出具的《三江口潮位水文分析报告》的数据。根据《岩土工程勘察报告》中数据显示，教堂现在室内地坪标高为 2.500m，教堂周围的场地绝对标高也在 2.200~2.520m 之间，而宁波市水文站出具的《三江口潮位水文分析报告》中提供的数据显示：5 年一遇的潮位即已达 2.74m，换言之，教堂室内平均 5 年起码要受淹一次，如果按照 20 年一遇的潮位 3.11 米计的话。按现在教堂内地坪标高起算，教堂内进水达 0.60m。事实上根据这份报告的数据，教堂自 1997~2012 年不到 15 年的时间里，教堂已遭大水受淹达三次，堂内最高进水达 0.76m。

由此可见，仅仅将教堂墙体抬升不能解决教堂受淹的问题，在抬升墙体的同时，还必须抬高教堂的地面，以解决教堂的受淹问题。至于教堂究竟抬升多少高，我们还得综合来考虑和分析，考虑潮位是一个因素，更重要的是保护文物本体完整性更为重要。我们不能仅仅只考虑文物不受淹，而片面强调将其顶升到位，而忽视了历史存在的原真性。在顶升论证阶段尽可能地考虑各方面的事实和需求，以不影响文物本体，还原文物本体面貌为目的。

根据现场开挖结果的数据分析，市政地面抬高导致建筑埋入地面 550~800mm，因此若将建筑完整地恢复原貌，则需将建筑的外墙抬升 800mm。而建筑的室内地坪原先已垫高过 300mm，根据整体抬高原则，原始的教堂室内地坪也将抬高 800mm。即比现有地坪标高再抬升 500mm。根据《岩土工程勘察报告》提供的现室内地坪标高数据，抬高后地坪绝对标高将为 3.000m，此标高还未达到 20 年一遇的潮位，要抵御 20 年一遇潮位的高度则需教堂室内地坪标高需再抬高 100mm，尚能满足要求。如果按 50 年一遇的潮位标准抬升的话，则需将室内地坪标高在现有室内地坪标高基础上抬升 750~800mm 高度。

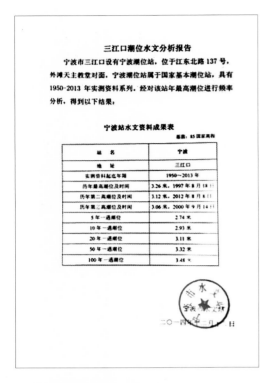

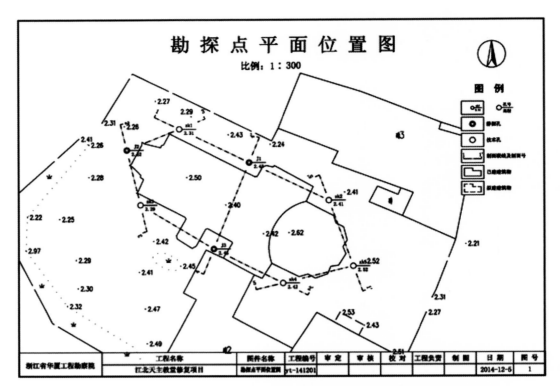

宁波市水文站出具的《三江口潮位水文
分析报告》

浙江华厦工程勘察院提供的《岩土工程勘察报告》中的场地标高位置示意图

（3）建筑抬升必要性讨论（三）

①教堂抬升的意义

根据前面几节的调查分析，从教堂的现有保护状况来说，虽然从教堂外观来看似乎保护状况还可以，但是经分析后，在建筑中却有很多历史性和原真性的东西，由于城市整体地面下沉、周边路面抬高的原因，迫使其被湮没和篡改了。具体有以下以下几方面内容：a. 外墙的勒脚高度与建筑的比例关系；b. 外墙勒脚表面的材质（原应为：下部为石材墙基、上部为青砖清水墙）现由于室外路面抬高，只能改为砂浆砂浆粉刷；c. 教堂室内地坪垫高，原有的铺地被掩盖了；d. 所有入口门洞比历史门洞高度减小了；e. 教堂的整体高度与建造之初的建筑高度降低了。

因此通过抬升能把这些湮没的历史予以恢复，还其历史本来面目。

其二，通过抬升将教堂的整体进行抬高，包括建筑墙体、建筑地面及柱础。大大地改善了教堂的防洪抗灾能力。

从以上两个角度分析，抬升作为一种技术手段是一种较好的保护文物的方式。其意义所在：既保护了文物，恢复了文物的历史性和原真性，又解决了教区平时怕教堂受淹之苦的问题。

②教堂抬升对周边环境影响的评估

教堂抬升如果是对文物保护的一种较好的举措，那么这种举措是否会对周边的环境产生影响呢，特别是对教区内另外三栋国家文物建筑产生一定的影响呢。

根据前面历史沿革一节讨论中我们已知，教区内与教堂同时期建的建筑另有一栋建筑，即备修院（现为外滩会馆），该建筑离开教堂较远，且入口大门对着江边的道路，故教堂的抬升不会对其产生影响。

另外两栋建筑即主教公署和神父住宅（现为温泉会馆）在历史上要比教堂建造晚些时候。从现场分析，该两栋建筑在建造时，当时教区的主教已意识到在江边建房会受被水淹之苦，所以在建主教公署时已将建筑的高度有意进行加高，哪怕违反教堂在整个教堂建筑群中处最高地势的常规。根据现场测量现主教公署的底层室内地坪绝对标高约为2.900m，而神父住宅的室内地坪标高相对较低一些，绝对标高约为2.600m。由于神甫住宅的正门也是开在靠江的路边，故教堂的抬升，也不会造成对它的影响。

至于教堂抬升与主教公署是否产生影响，我们可以通过教堂的现状情况进行分析，教堂原本与主教公署不相连，但是后期在两者之间建有一个二层连接体，作为教区内的附属用房，该楼为20世纪80年代部队在此驻扎时将原来木结构的建筑拆除后重建的。建筑虽不属文物建筑，但教堂仍需保留使用。只是此次拟在连接体部位需开辟出一个能通消防车的通道，剩下部分仍可使用。该连接体的底层地面与主教公署的底层地面接通，绝对标高也为 2.900 米，比教堂现有地坪标高高出 400mm 左右。如果教堂整体抬高后地面标高如果达到 3.100 米时，主教公署、连接体的底层地面与教堂地面的高差相差 200mm，从使用上不会产生影响，相反教堂抬高只有对教堂保护起到更积极的作用。

而至于教区内发大水是否也会除教堂外的其他三栋国宝建筑造成影响，答案是肯定的，至于其他三栋建筑的解决方法，由于不属于本次教堂恢复性修缮项目范围内，故不做进一步讨论，如何处理留待以后在进行对这三栋建筑实施大修时再行分析和论证。

综上所述，由于关于教堂抬升工程内容所涉及范围只牵涉到教堂主体部分的抬升，对现场的道路及周围环境没做总体变化和改变，因此对周围建筑和环境不产生相关大的影响，至于在抬升过程中是否会对相邻建筑产生影响，譬如在土方开挖时和在顶升过程中对土体挤压的作用等，都需在抬升方案获得批准后需进一步落实的设计和保护的内容。

结合本次教堂恢复性修缮将历史遗留下的问题一并进行处理，抬升在近期的文物保护工程中已较多采用，虽然在理论上的可行性依据比较充分，但是若真要实施时还有较多的问题需要研究，譬如原来的基础情况需要调查清楚、对原建筑结构的保护等等。只要把所有问题都考虑清楚了，这一工程才能顺利进行。

教堂室内地面抬升高度与潮位高度关系值（教堂整体抬升（800）恢复历史原状）

地面抬升高度（按现有地坪标高计）	绝对标高值	历史潮位值	备　注
0.500m	3.000m	2.930m/10 年一遇	恢复了教堂室内历史空间
0.600m	3.100m	3.110m/20 年一遇	
0.800m	3.300m	3.320m/50 年一遇	

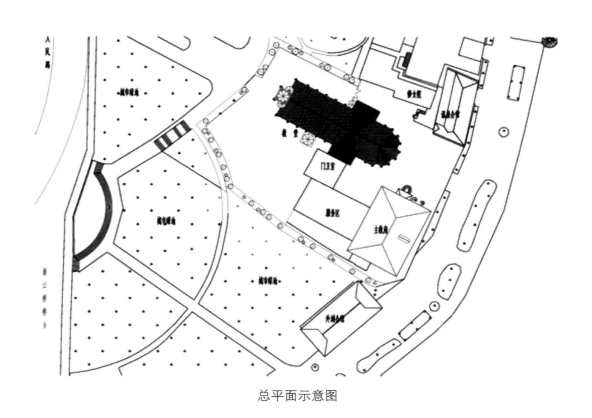

总平面示意图

（4）教区内消防设防的讨论

总结此次教堂着火后所发生的事情，显现了在文物保护中存在的一些问题，归结下来，有些属于建筑设计范畴的问题，譬如总体部置上的问题、消防车路线规划的问题、景观和消防通道协调布置的问题、建筑消防设备设置等问题。综观教区内消防安全的现状，存在着这些不不合理的因素，希望通过此次修缮将得到改善，以利于国家文物的保护。

●在教堂着火时，消防部门第一时间到达了现场。但是很可惜，在外马路与通向大桥的桥脚下路口处有两只很大的混凝土的墩子挡住了消防车进入，由于灭火需要水，而消防车装着水，消防车一时开不进，就耽搁了最佳的救火时间。像这样的事就提醒我们做文物保护工作的人员在设计方案时，应将周围市政道路的繁杂情况都掌握清楚，并在方案阶段将存有疑义的情况反映到上级部门，寻求对策以求得对文物最大保护。

那么通过这次着火事故，我们还可以总结出什么经验呢？

●我们思考一下，按市政规划，教堂所处位置的消防通道是由外马路进入，然后原路返回，而靠近教堂西面的景观绿化设置的道路仅作为市民和游客步行使用，没有按消防要求设计设置专用消防车通道，因此在此次的修缮中能否在景观绿化的广场中考虑能使消防车进入的功能要求。同时在规划总体的同时，教堂南边的连接体（门房间）也应根据这一要求做一些拆除工作，以利教区的消防安全防范得到改善。

●在总体布局上还应在保护区域内，按规范要求设置必要数量的室外消火栓系统，以达到对文物建筑的保护。

●除了总体布局上按消防要求做一些必要的调整，在每栋建筑内也应按国家规范要求进行设防。根据规范《自动喷水灭火系统设计规范》中附录 A 设置场所火灾危险等级举例：其中将"文化遗产建筑：木结构建筑、国家文物保护单位等"定火灾危险等级为中危险级。故在本项目修缮时，拟在室内增加自动喷水灭火系统。

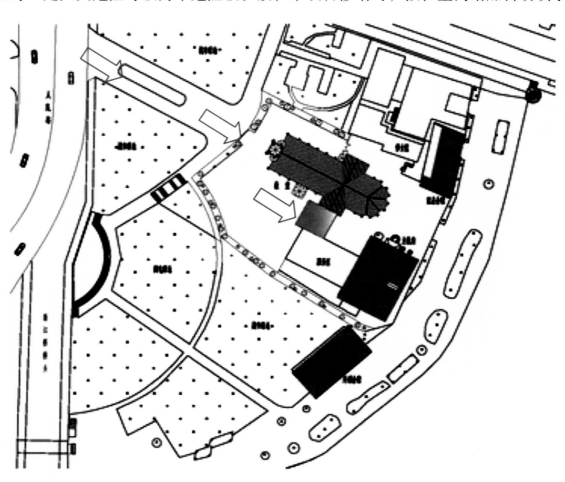

新开辟消防车进入教堂通道示意图

教堂的门房间局部拆除拟改钢门

未着火前教堂的西南立面

教堂正立面

5. 施工过程中的注意事项

5.1.1 施工管理

（1）为确保工程质量，根据相关建筑法规，应实行工程监理制度，施工单位必须持有国家文物局颁发的文物保护工程施工资质证书。

（2）掌握维修原则，注意工程质量。施工中应严格遵守文物维修原则，能够不换的构件应尽量保留，切记大换、大改和大动是文物建筑维修中的大忌。施工中应一丝不拘，精心操作。

（3）熟读设计方案。维修工作开始之前，有关施工人员应对设计图纸和做法说明书认真阅读，领会设计意图和一些特殊的要求，除此以外应对旧址的文物价值和特征有所了解。

（4）做好施工现场布置。工地各种设施是否合理，直接关系到施工安全和文物安全，因此应在施工前予以充分的重视。

（5）做好施工记录。施工记录包括两个方面的内容，一是日常施工的记录，一是施工中遇到特殊情况的记录。

5.1.2 文物监测

在施工过程中为保护文物本体，应做好文物监测工作。由于本项目属于恢复性修缮工程，在整个修缮过程中不同于一般的文物保护工程。监测工作应贯穿于整个施工阶段，这是因为在整个工程中既有对历史原物的保护，又存在着新做建筑构件与留存的原建筑构件相容的关系，由于被毁掉部分（屋面）没有留存完整的信息，因此在此次恢复修理中难免会产生一些认识上的误区，监测工作就是能起到帮助我们来复合和修正这些认识误区，并检验我们设计工作的合理性和准确性。再者文物监测又提供了我们在施工中的一些准确的数据，以便我们根据这些数据合理认识对文物保护的状态，并采取适当的保护措施。

在施工过程中，文物监测工作应分为整体性监测和细部（细节）监测。

（1）整体监测

主要内容包括，对建筑的整体保护、整体变形、外部环境的影响，文物变化的趋势等一系列宏观调查、数据分析、整体判断并做出结论性评估的活动。整体监测不拘泥于用专业仪器，它可以通过现有的历史数据、施工现场中的某些反映现象以及施工中测量数据等进行综合分析得出的结论。

整体监测的详细内容有：建筑的整体沉降、建筑和墙体倾斜率。环境空气的质量指标对建筑的侵害程度，留存的历史原物损伤程度在恢复性修缮中的质量影响及评估，新增结构材料的可靠度监测等等。

（2）细部（细节）监测

有针对性的对文物建筑变化情况产生敏感反应的监测手段，它不需要像整体监测那样用做完整的技术分析方法进行甄别和判断，而只需要在一些特定的区域和部位加以监测，将得到的数据采用统计的方法进行分析，以得到该区域和部位变化的情况，从而帮助我们了解文物保护的实际情况。这种方法虽然不像整体监测那样具有对文物的宏观了解，但是这种监测落实到了每个细部和实处，反映了施工活动对文物产生的真实反应。如果将这种所有监测的结果提交给整体监测分析，那就能全面反映文物在施工过程中的保护状况。

一般细部监测的内容包括：建筑平面体型变化接口处的沉降值监测、该部位墙体倾斜率、建筑角点的不均匀沉降值、建筑裂缝的变化情况。楼面的施工桡度，新做结构梁的变形情况、新做结构的病害监测，连接部位的搁置和变形情况，新立木柱的弯曲度监测变化情况，砖墙损害度检测等。木门窗等病害监测等等。

（3）做好施工监测工作的要点

①牢牢记住并掌握文物修缮的原则，胸中应有一颗尊文物的敬畏之心。

②熟悉领会设计方案和设计图纸，对项目中重点保护内容深刻理解。

③仔细研究和熟悉项目中的本体的每个构成部分，并对检测报告中所列病害都清楚明了，并分析每个病害的状态和原因。

④做好监测布点的案头工作，并加以实施。

⑤收集数据并整理归纳。

⑥做出分析与判断。

宁波江北天主教堂正立面效果图

宁波江北天主教堂侧立面效果图

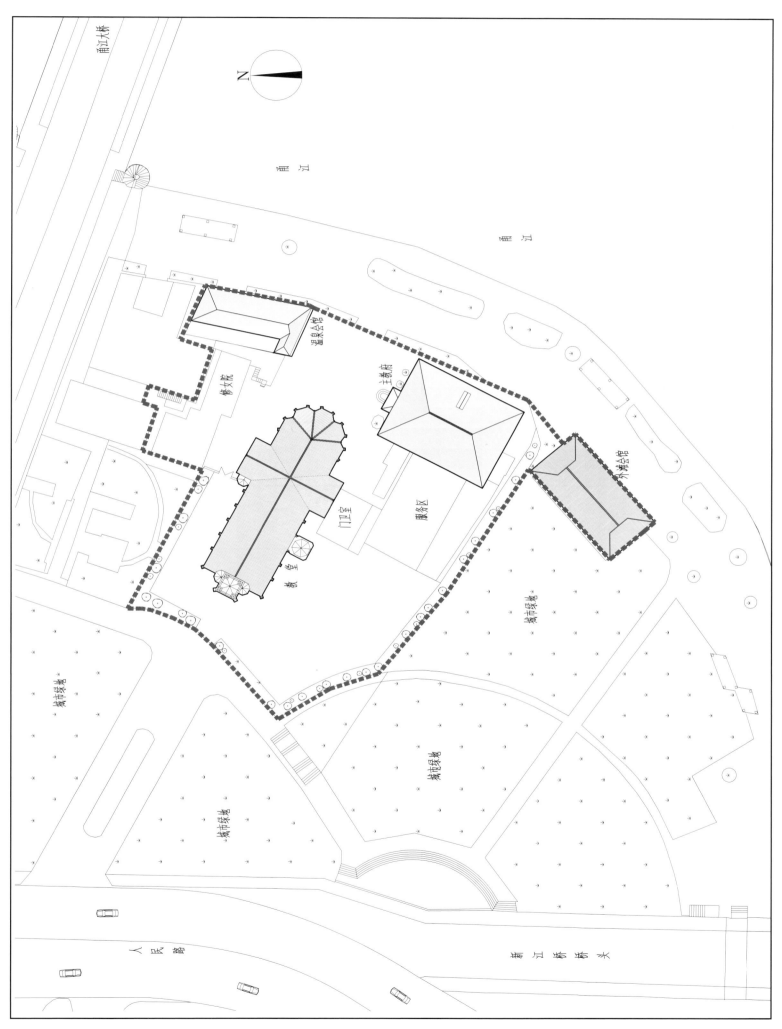

总平面图

宁波江北天主教堂修缮工程报告

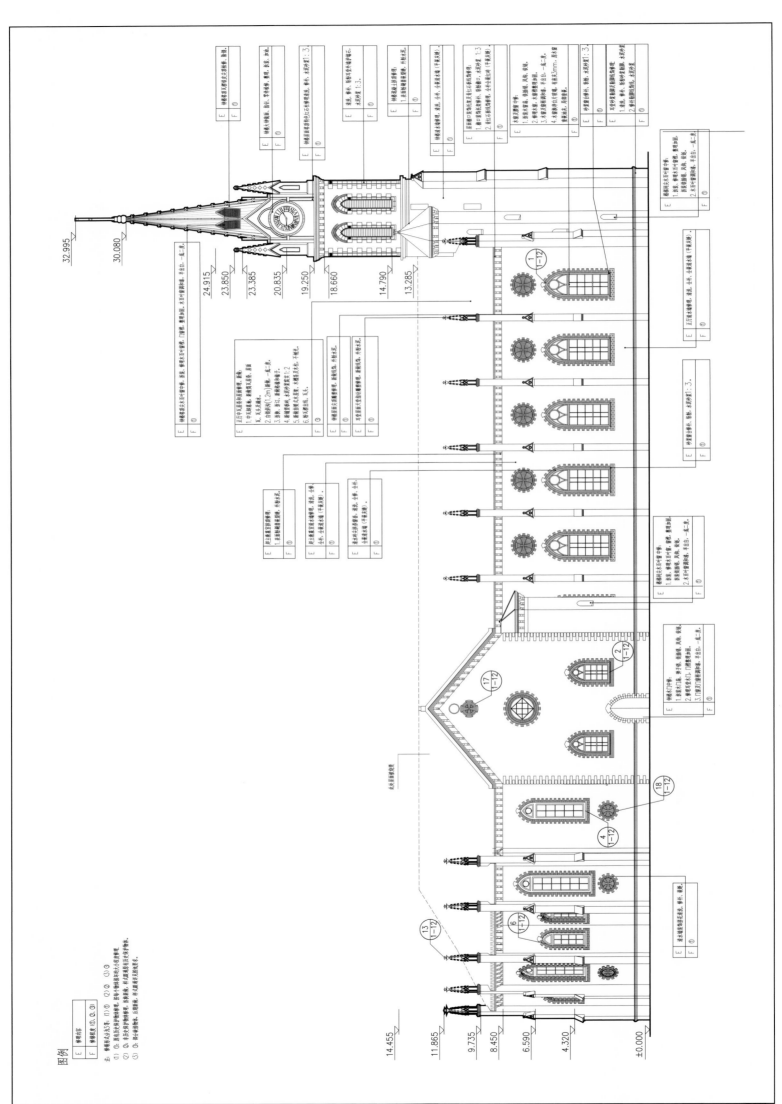

北立面图

112

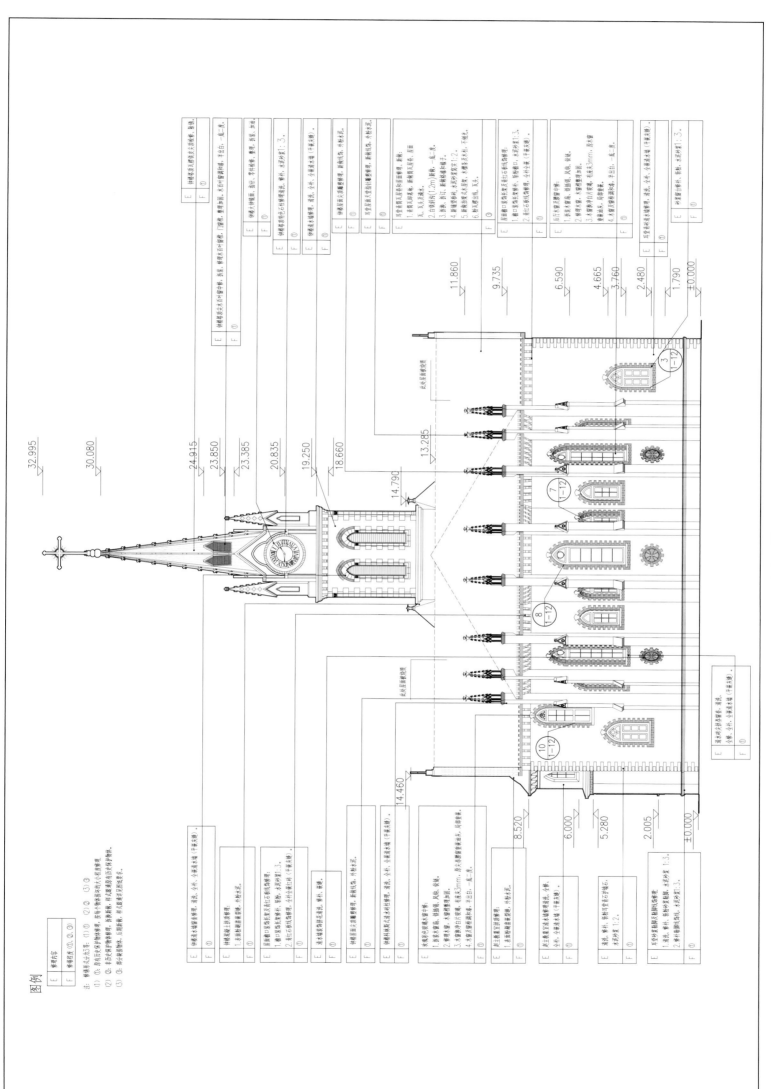

东立面图

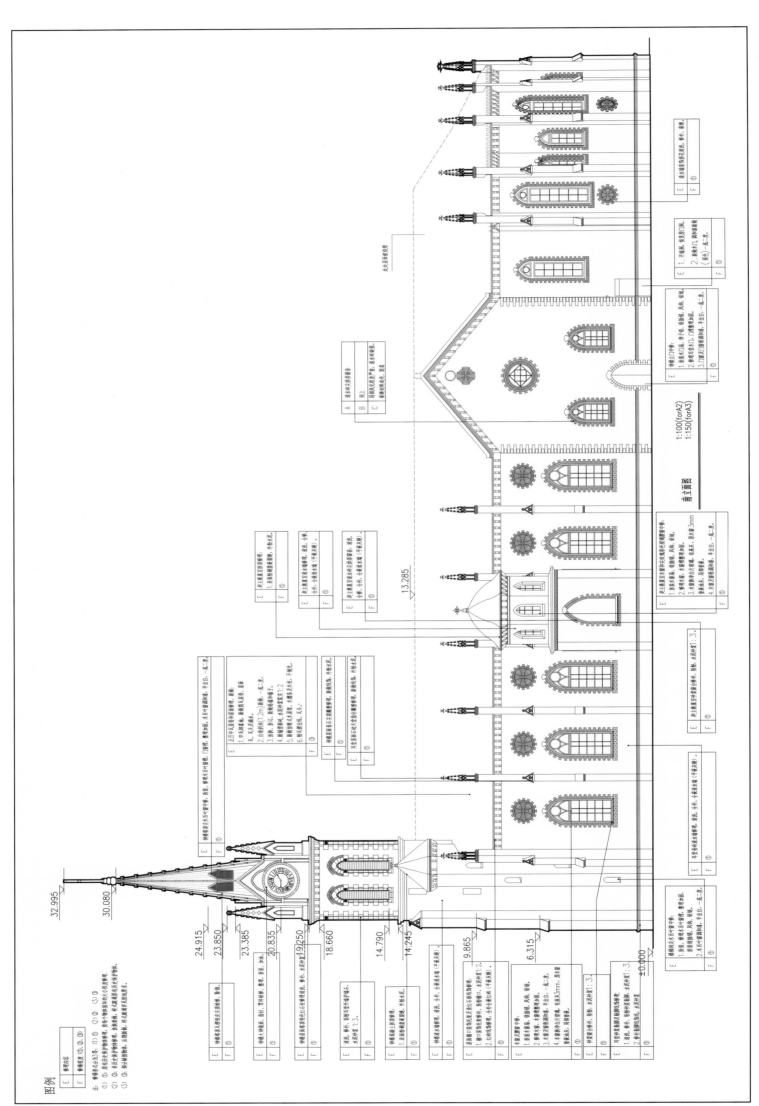

南立面图

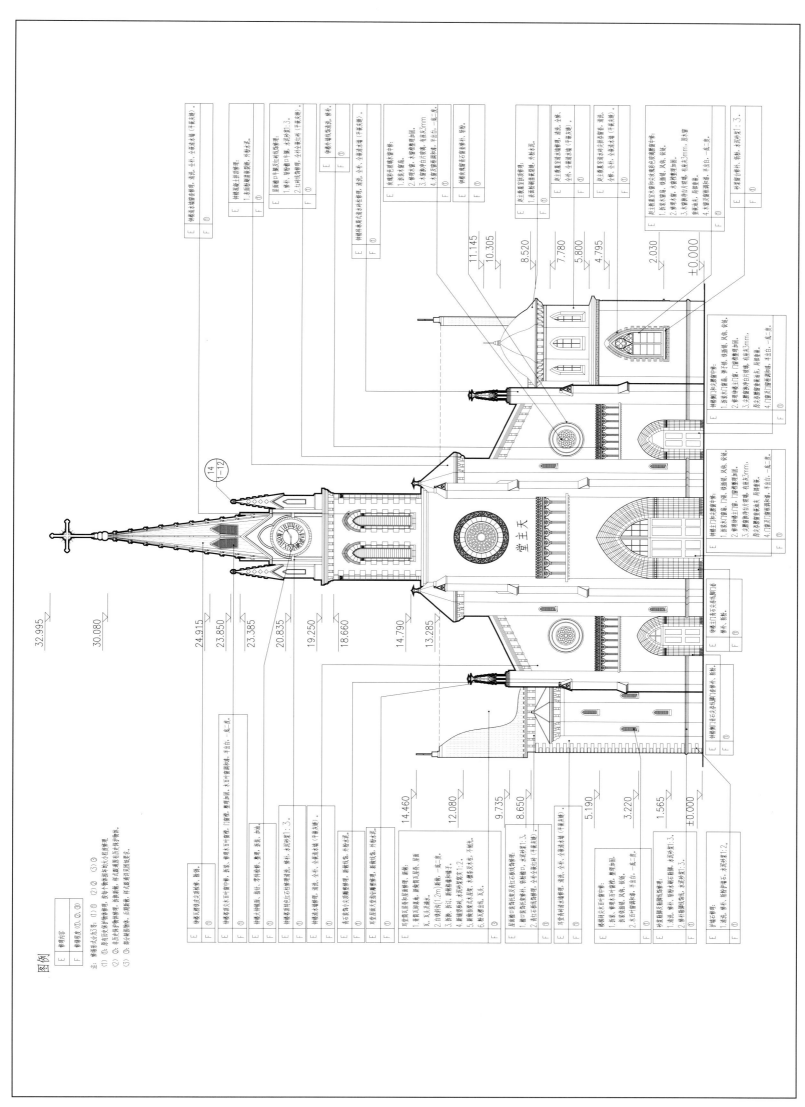

西立面图

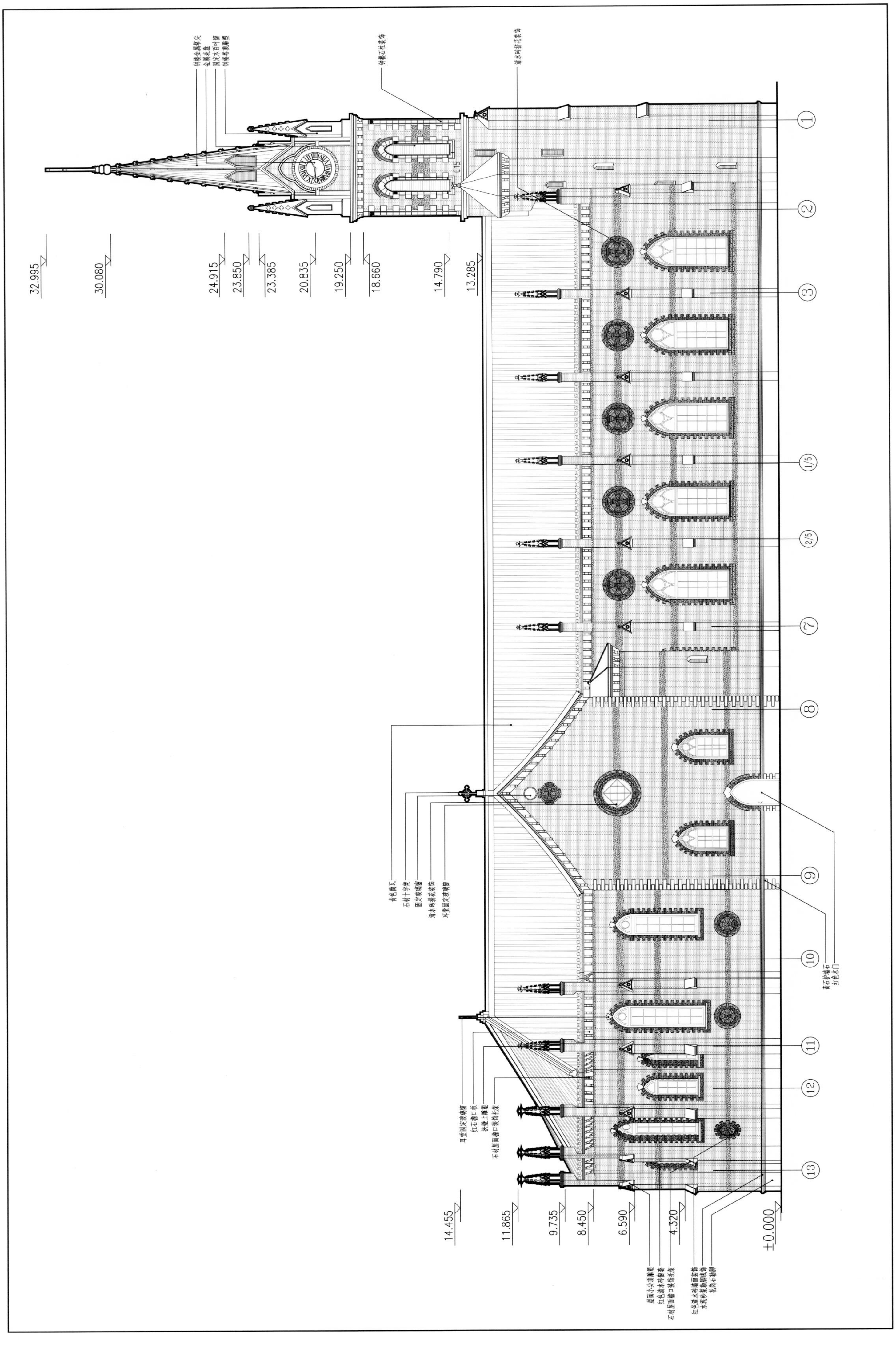

北立面装修图

32.995
30.080
24.915
23.850
23.385
20.835
19.250
18.660
14.790
13.285

C15

14.455
11.865
9.735
8.450
6.590
4.320
±0.000

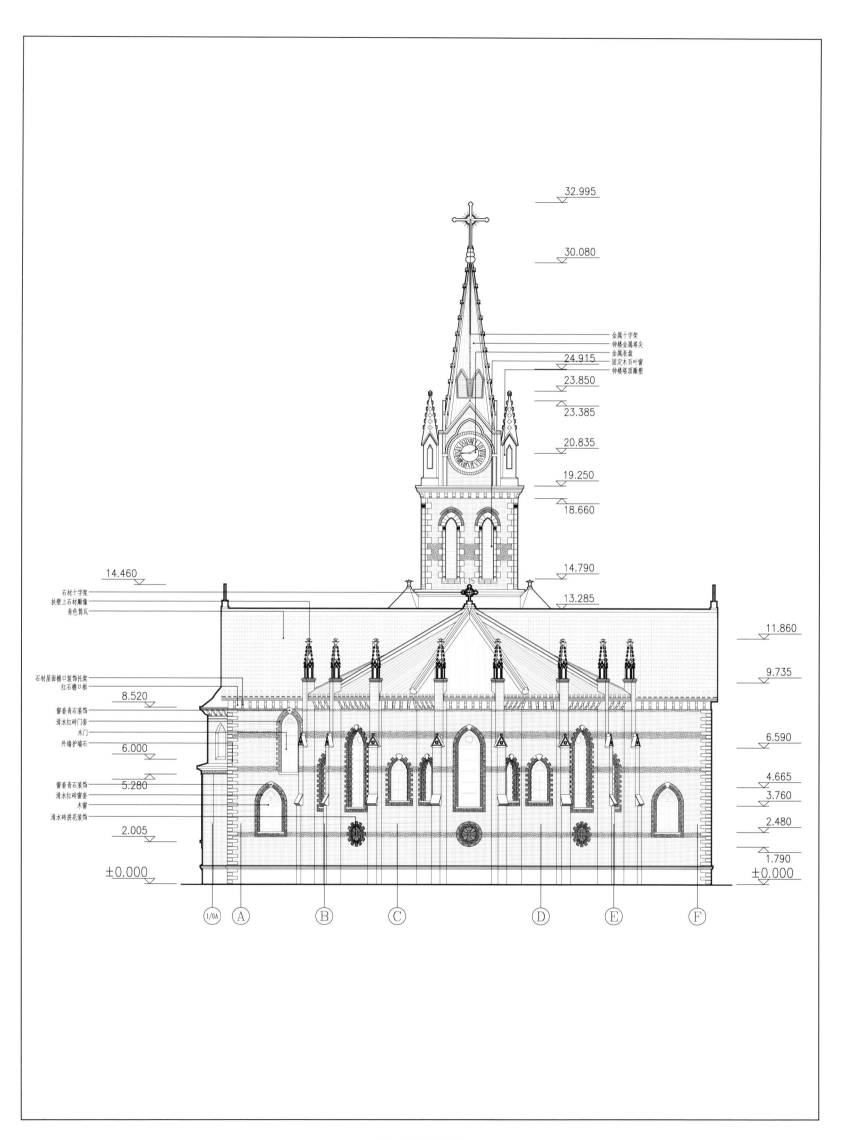

32.995

30.080

金属十字架
钟楼金属塔尖
金属表盘
固定木百叶窗
钟楼塔亭雕塑

24.915

23.850

23.385

20.835

19.250

18.660

14.460

14.790

石材十字架
装塑上石材雕像
青色筒瓦

13.285

11.860

9.735

石材屋面檐口装饰托架
红石檐口板

8.520

窗套青石装饰
清水红砖门套
木门
外墙护墙石

6.590

6.000

4.665

窗套青石装饰
清水红砖窗套
木窗
清水砖拼花装饰

5.280

3.760

2.480

2.005

1.790

±0.000

±0.000

(1/0A) (A) (B) (C) (D) (E) (F)

东立面装修图

117

南立面装修图

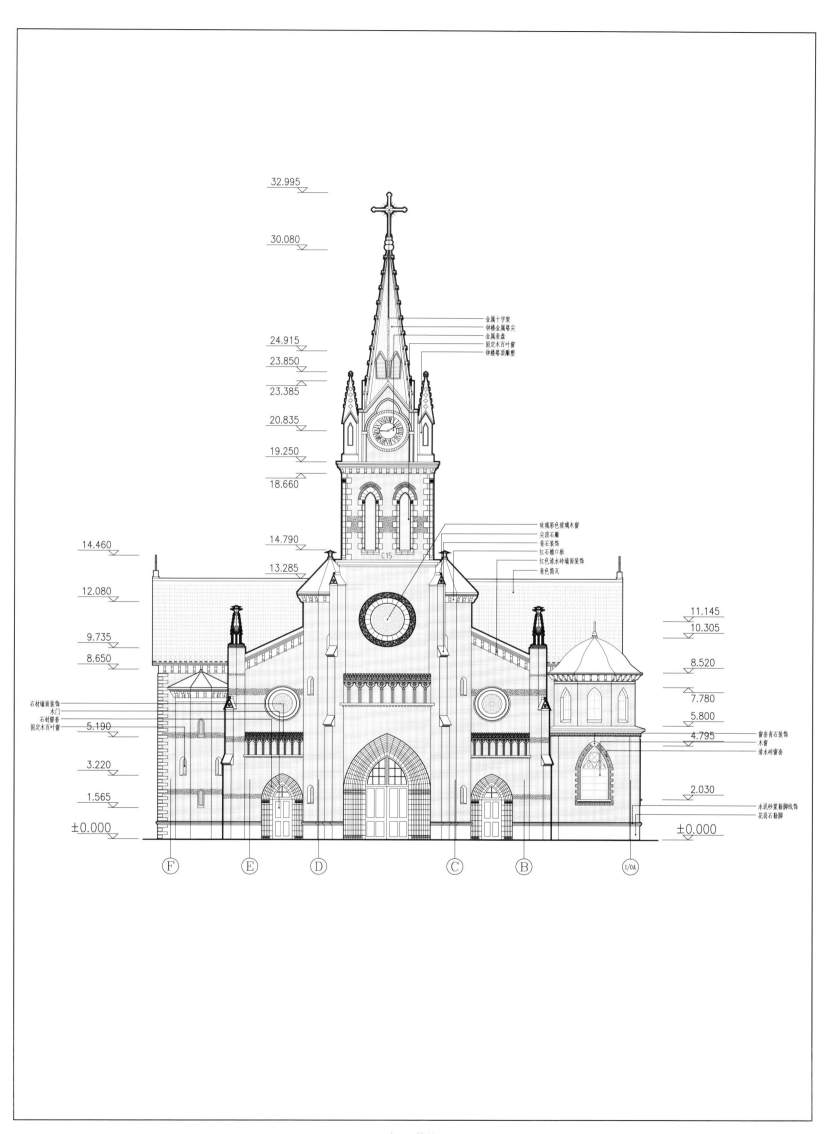

32.995

30.080

24.915
23.850
23.385

20.835

19.250

18.660

14.460

12.080

9.735
8.650

14.790

13.285

金属十字架
钟楼金属塔尖
金属表盘
固定木百叶窗
钟楼塔顶雕塑

玻璃彩色玻璃木窗
尖顶石雕
青石装饰
红石檐口板
红色清水砖墙面装饰
青色筒瓦

11.145
10.305

8.520

7.780

5.800

4.795

2.030

石材墙面装饰
木门
石材窗套
固定木百叶窗

5.190

3.220

1.565

±0.000

窗套青石装饰
木窗
清水砖窗套

水泥砂浆勒脚线饰
花岗石勒脚

±0.000

F' E D C B 1/0A

西立面装修图

119

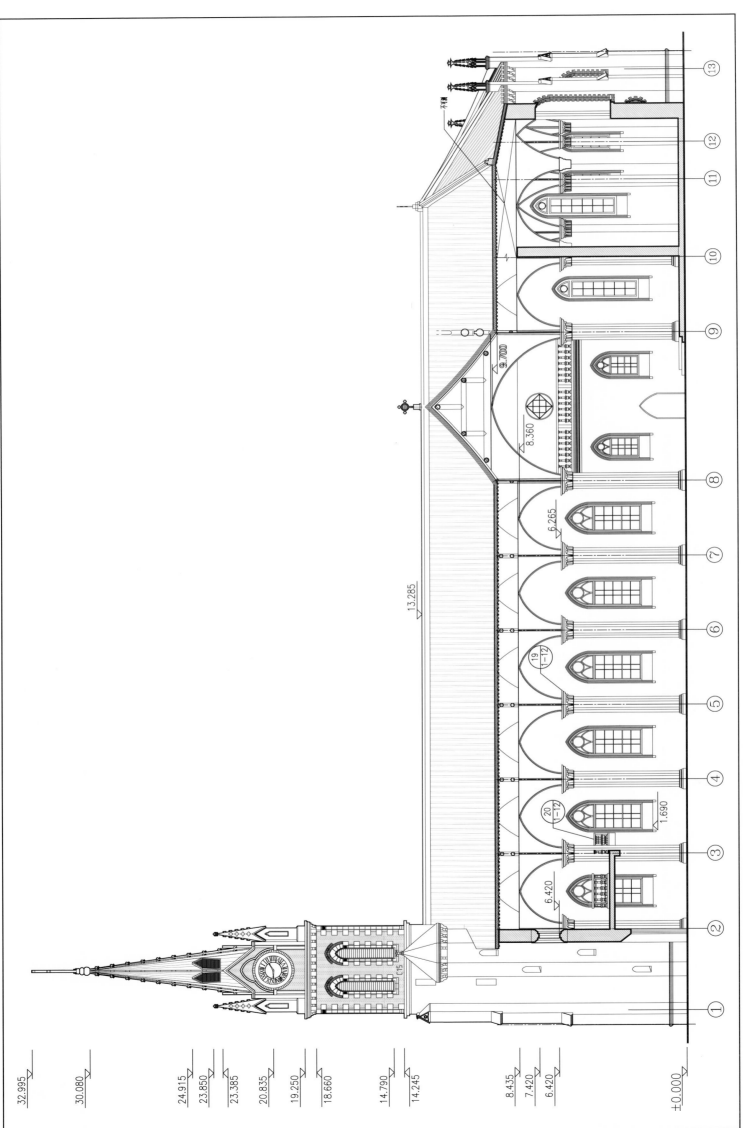

1—1剖面图

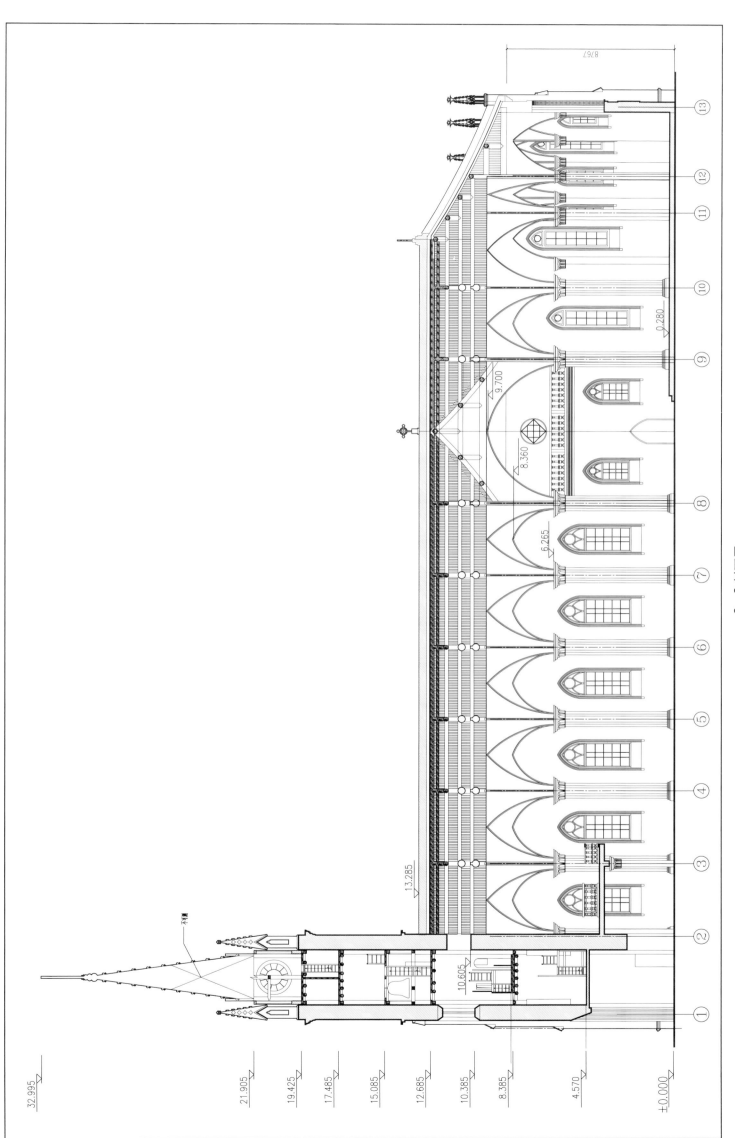

2—2剖面图

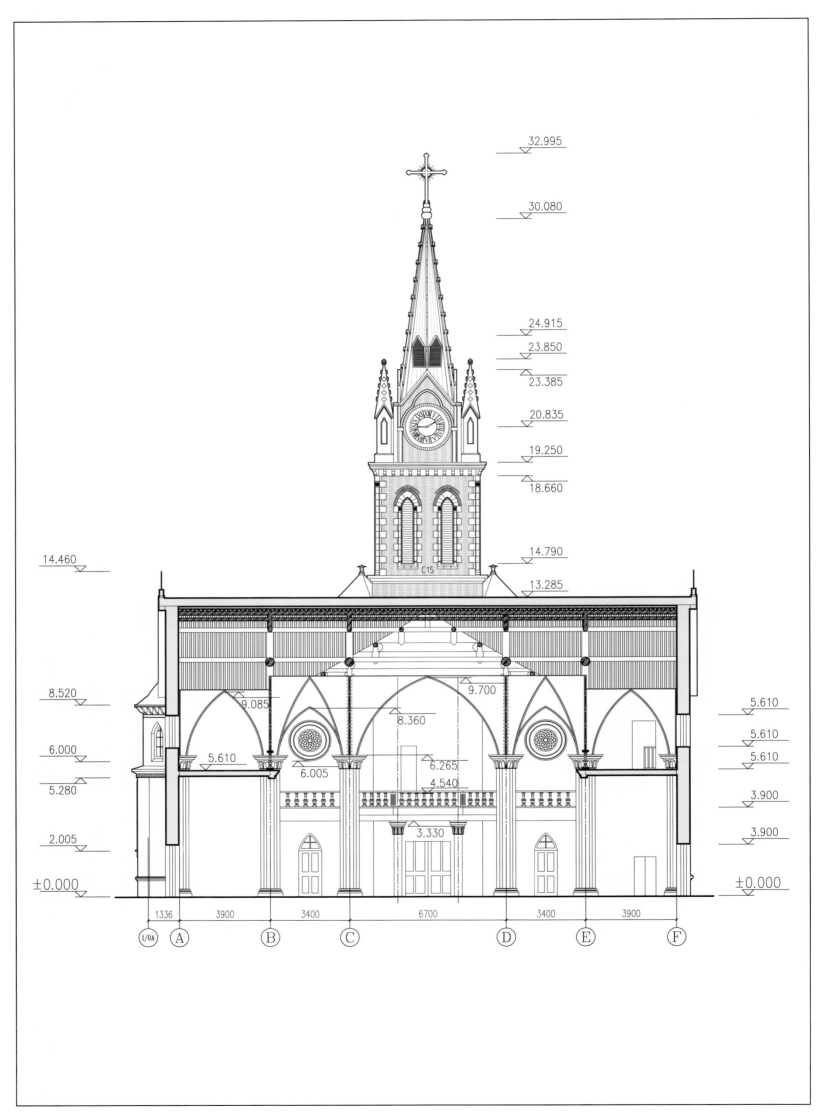

3—3 剖面图

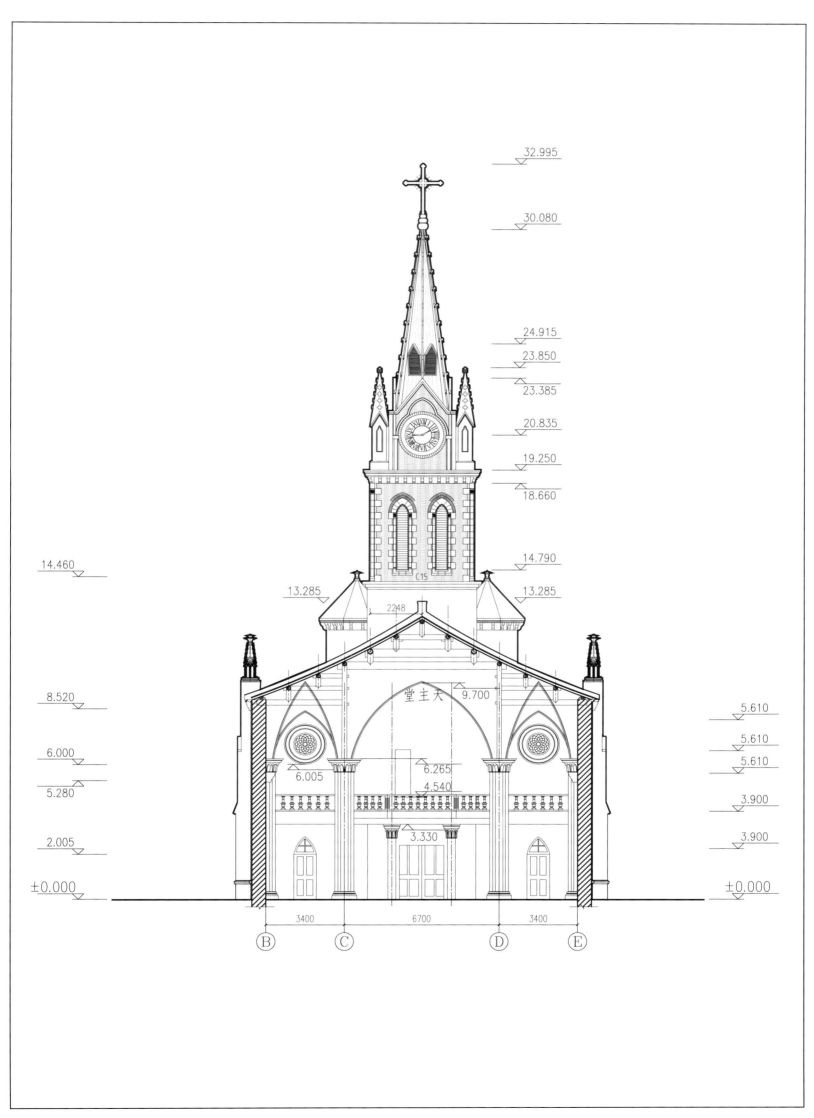

32.995

30.080

24.915

23.850

23.385

20.835

19.250

18.660

14.790

13.285

14.460

13.285

C15

2248

天主堂

9.700

8.520

5.610

5.610

6.000

5.610

6.005

6.265

5.280

4.540

3.900

2.005

3.330

3.900

±0.000

±0.000

3400   6700   3400

B   C   D   E

4—4 剖面图

123

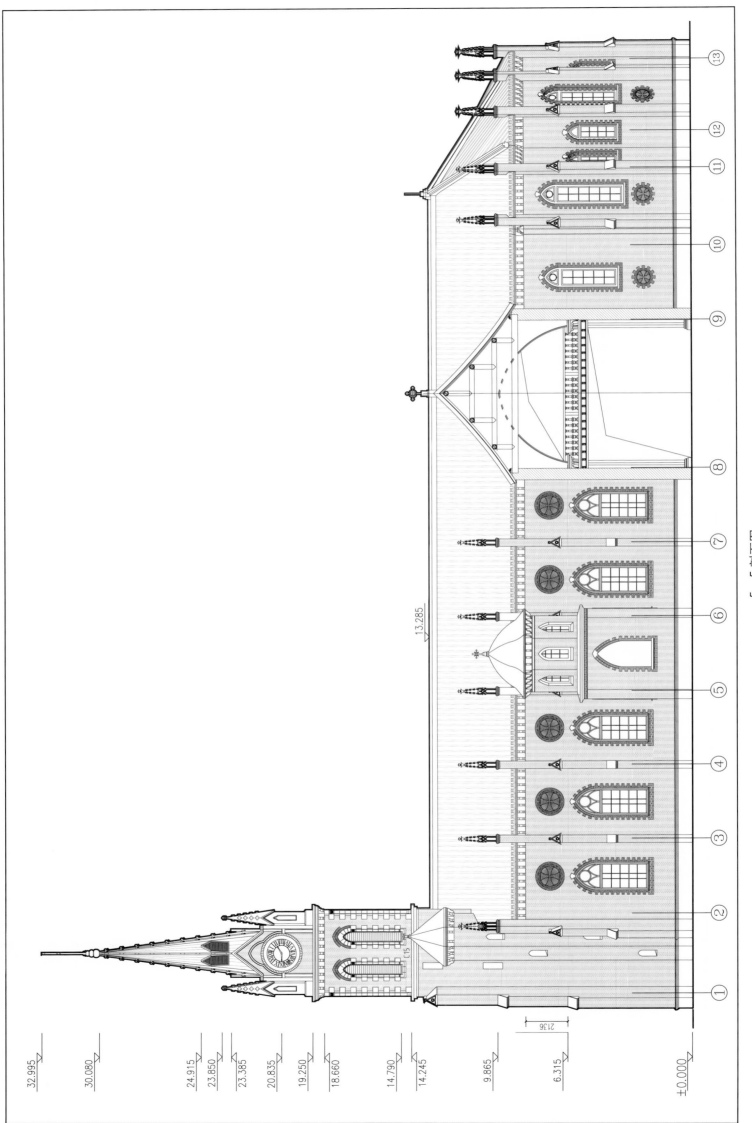

5—5 剖面图

天主教堂堂内修缮表

部位			现状损坏情况	室内修缮项目	备注
教堂室内大堂	平顶	一般平顶	粉刷平顶，面白色涂料，坍塌，被烧毁。	1. 新做吊平顶基层（木龙骨）。 2. 新做搁栅平顶(板条、钢丝网)，外做粉刷，白色涂料。 3. 平顶开灯槽、灯洞。	1. 新做抬梁式木结构屋架，具体详见结构说明。
		顶角线	平顶顶角线，面白色涂料，被烧毁。	1. 新做平顶顶角线。	1. 新做顶角线样式，详见图纸。
	墙面	一般墙面	1. 墙面粉刷，面白色涂料，大面积脱落，墙角粉刷有烟灰、灼烤痕迹，墙体砖墙老化、酥松。 2. 墙体避潮层失效。	1. 铲除墙面粉刷。 2. 墙体阴角裂缝修补，裂缝小于5mm采用聚醋酸乙烯乳液低压灌浆。 3. 新粉墙面内粉刷，混合砂浆，外刷白色涂料。 4. 墙体避潮层修理。	
		木柱	装饰束柱结构柱体上方被烧毁、炭化严重；装饰柱面白色涂料，粉刷脱落，局部板条断裂，损坏，装饰柱帽个别残留的，外形保持较好。	1. 铲除装饰束柱表面粉刷。 2. 接换木柱、安装木柱；新做装饰束柱板条柱面，外做粉刷，白色涂料。	
		窗套粉刷线条	墙面窗套粉刷线条局部缺损、断裂，表面有烟灰。	1. 新做平顶顶角线。	1. 新做窗套粉刷线条样式，详见图纸。
		枕梁托	墙面枕梁托秒白色涂料，多数缺损，个别外形保持较好。	1. 拆除墙面枕梁托。 2. 新做墙面枕梁托。	1. 新做枕梁托样式，详见图纸。
		踢脚线	瓷砖贴脚线缺损、局部开裂。	1. 拆除瓷砖踢脚线。 2. 新踢脚线样式材质待施工做抬升打开地面后再订。	
	地面	一般地面	1. 地砖 表面磨损严重，局部缺损、开裂。 2. 后厅地砖踏步 后期附加，表面磨损严重，局部缺损、开裂。 3. 后厅木地板及木台阶，表面油漆磨损严重，有灼烧痕迹，局部松动、下挠、闷烂。	1. 拆除地面地砖。 2. 新地面做法、样式及材质待施工做抬升打开地面后再订。	

部位			现状损坏情况	室内修缮项目	备注
教堂二层唱诗班平台	平顶	一般平顶	楼梯间木屋面，木檩条、屋面板，保持较好。	1．检修木屋面板平顶，木檩条头子、木檩条及屋面板。 2．白蚁防治。	
		顶角线	平顶顶角线，面白色涂料，被烧毁。	1．新做平顶顶角线。	1．新做顶角线样式，详见图纸。
	墙面	一般墙面	1．墙面粉刷，面白色涂料，大面积脱落，墙体砖墙老化、酥松。 2．木栏杆及扶手，面深色混永漆，表面油漆老化、起壳、剥落，木扶手、木栏杆松动，磨损。	1．铲除墙面粉刷。 2．墙体阴角裂缝修补，裂缝小于5mm采用聚醋酸乙烯乳液低压灌浆。 3．新粉墙面内粉刷，混合砂浆，外刷白色涂料。 4．木扶手和木栏杆检修，拆换、拆装，新做（深色）混永漆，一底两度。	
	地面	一般地面	1．木地板表面磨损、松动。	1．木地板和木搁栅检修、加固、换新。	
教堂及钟楼楼梯间	平顶	一般平顶	楼梯间木屋面，木檩条、屋面板，保持较好。	1．检修木屋面板平顶，木檩条头子、木檩条及屋面板。 2．白蚁防治。	
	墙面	一般墙面	1．墙面粉刷，面白色涂料，大面积脱落，墙体砖墙老化、酥松。 2．木楼梯栏杆及扶手，面紫红混水漆，表面油漆老化、起壳、剥落，木扶手、木栏杆及木踏步板松动，磨损。	1．铲除墙面粉刷。 2．墙体阴角裂缝修补，裂缝小于5mm采用聚醋酸乙烯乳液低压灌浆。 3．新粉墙面内粉刷，混合砂浆。外刷白色涂料。 4．木扶梯检修加钉。 5．翻身、换新踏步板、换扇步。 6．扶梯筋绑接、换新 7．调换扶梯三角木。 8．木扶手和木栏杆拆换、拆装。	
	地面	一般地面	1．木地板表面磨损、松动。 2．木扶梯小平合老化、松动。	1．木地板整修、加固、换新。 2．木扶梯小平合拆做、拆换。	

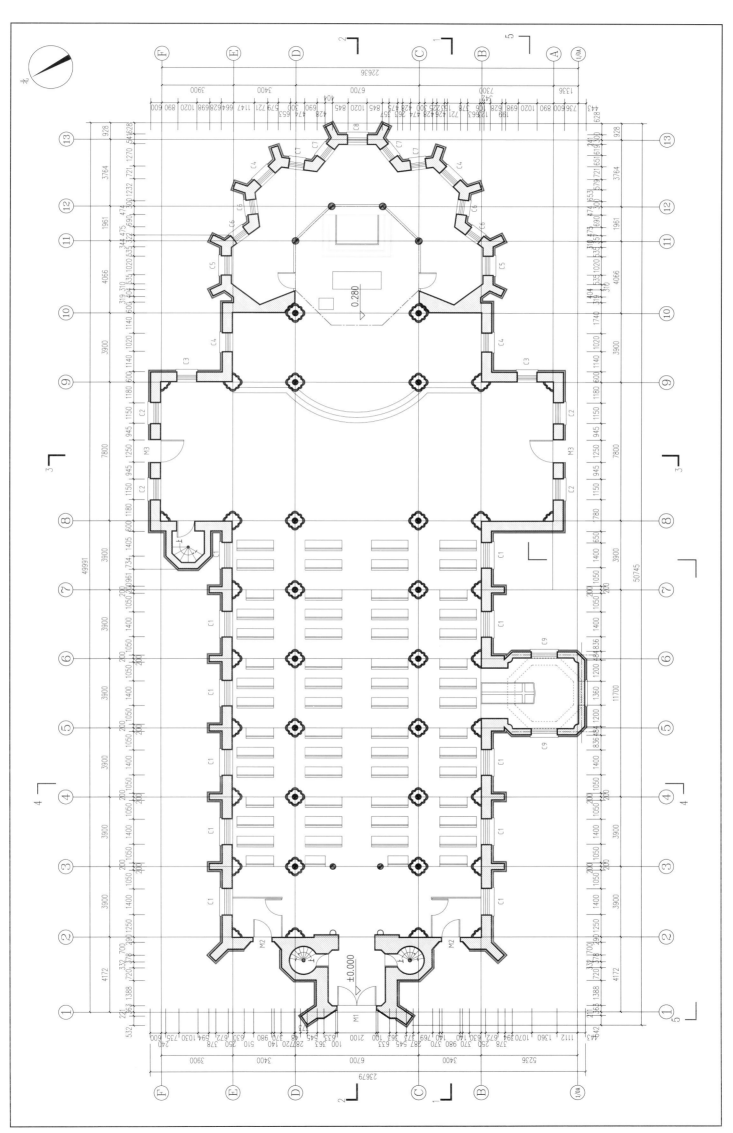

一层平面图

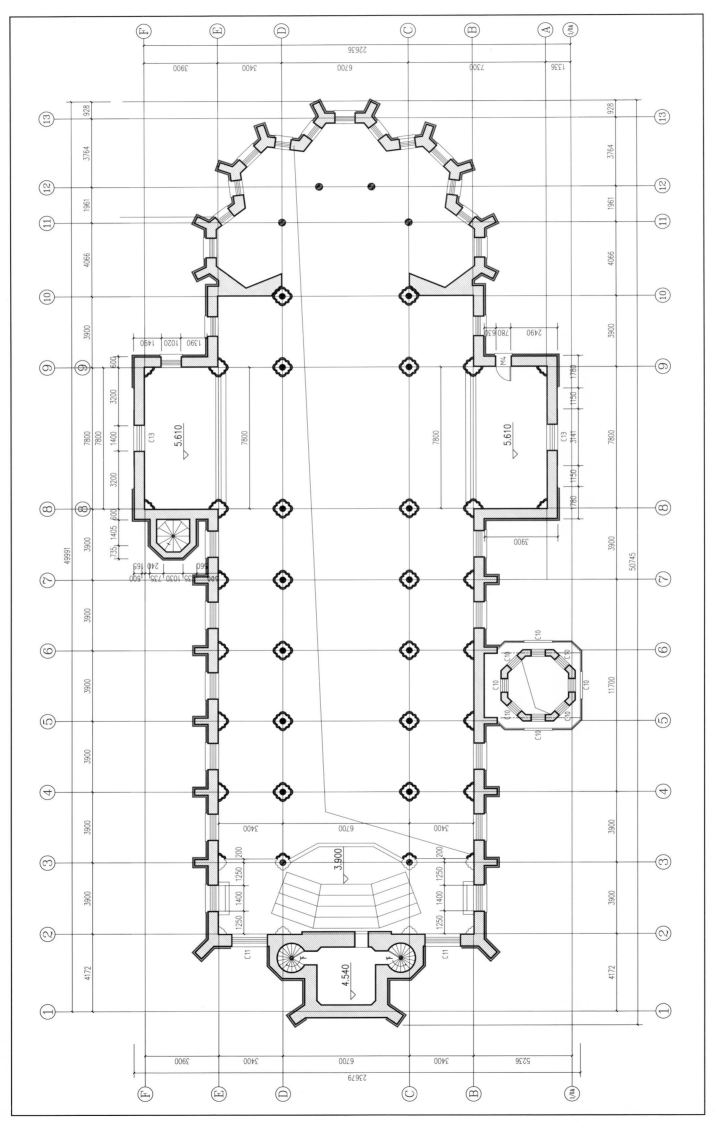

夹层平面图

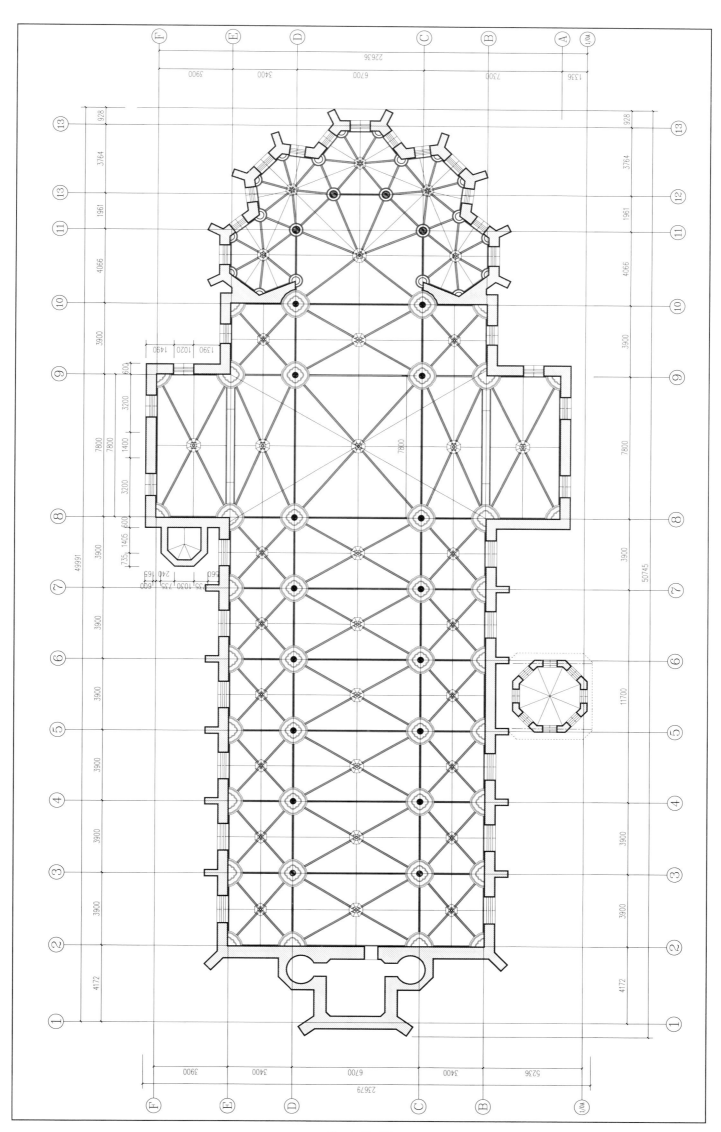

拱顶平面图

129

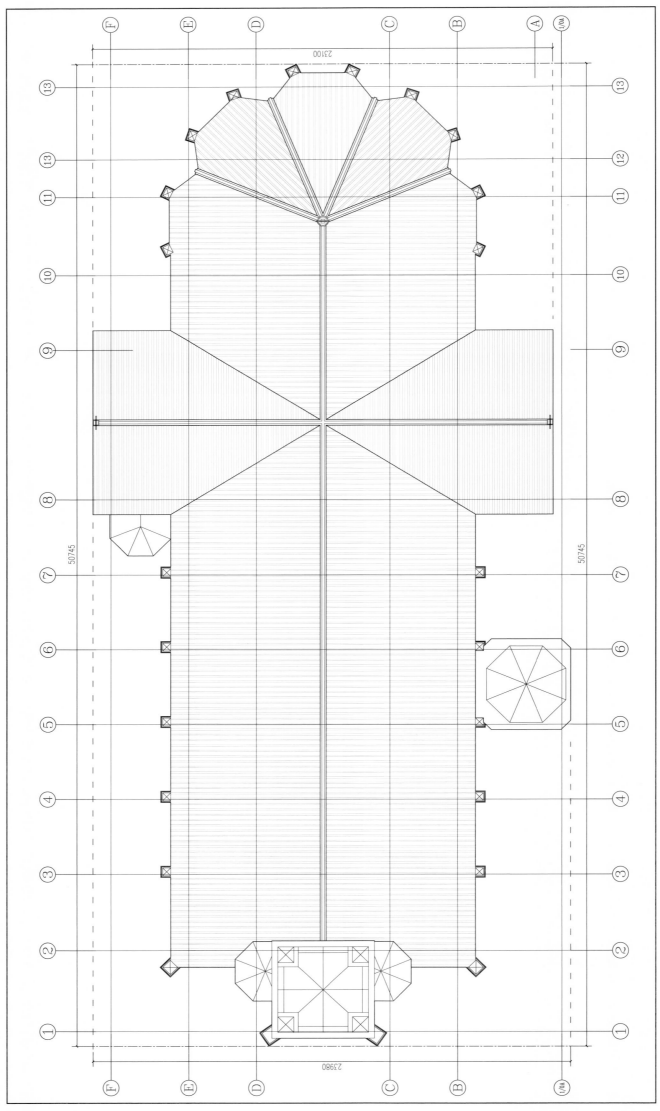

屋顶平面图

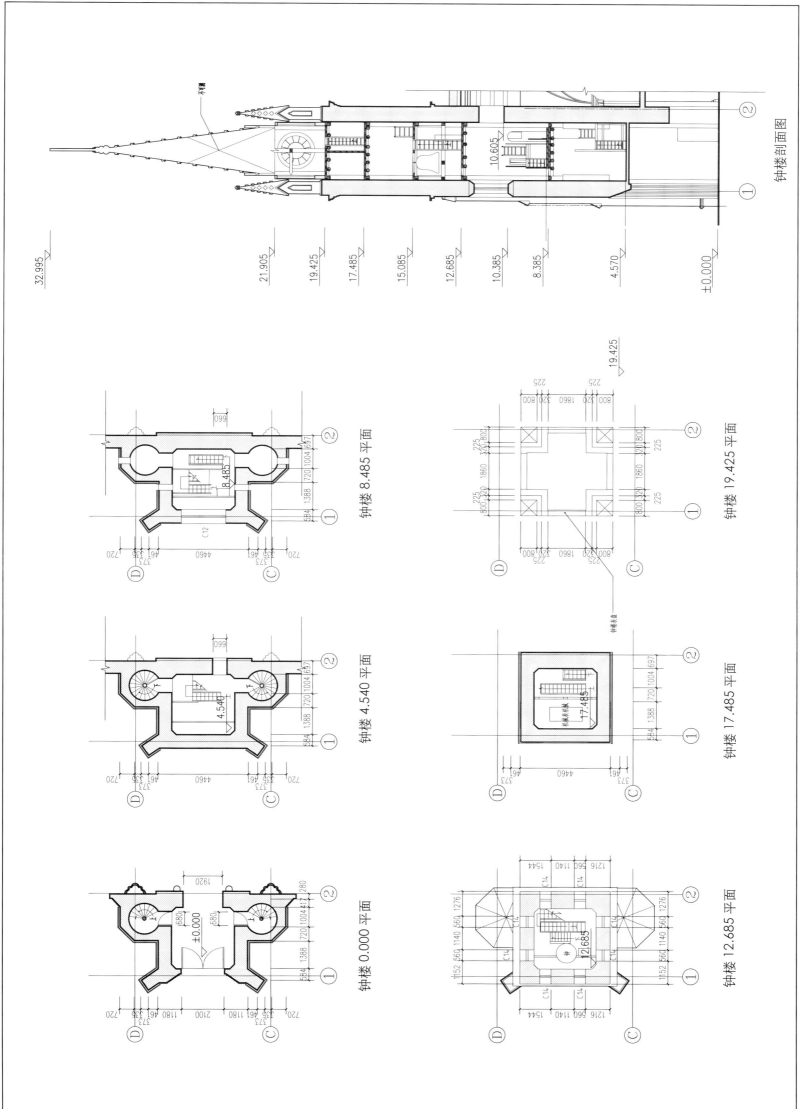

钟楼剖面图

钟楼平、剖面图

外立面门窗表

门窗编号	部位	洞口尺寸	数量
C1	北立面、南立面	1400×3700	11
C2	北立面、南立面	1150×2310	4
C3	北立面、南立面	1020×2185	2
C4	北立面、南立面、东立面	1020×3745	4
C5	北立面、南立面	1020×4225	2
C6	东立面	780×2490	4
C7	东立面	780×2010	1
C8	南立面主体墙	950×3745	2
C9	南立面主体墙	1360×2765	8
C10	南立面主体墙	700×1655	2
C11	西面	1820×1820	1
C12	西面	2800×2800	2
C13	北立面、南立面	1400×1540	2
C14	钟楼	513×2935	8
C15	钟楼百叶	460×1300	8
C16	楼梯间	300×850	12
M1	西立面	2150×4275	1
M2	西立面	980×2785	2
M3	北立面、南立面	1250×2250	2
M4	南立面	1000×2100	1

大样图

第三章 结构修缮方案

1. 原有砖墙及木柱修缮平面

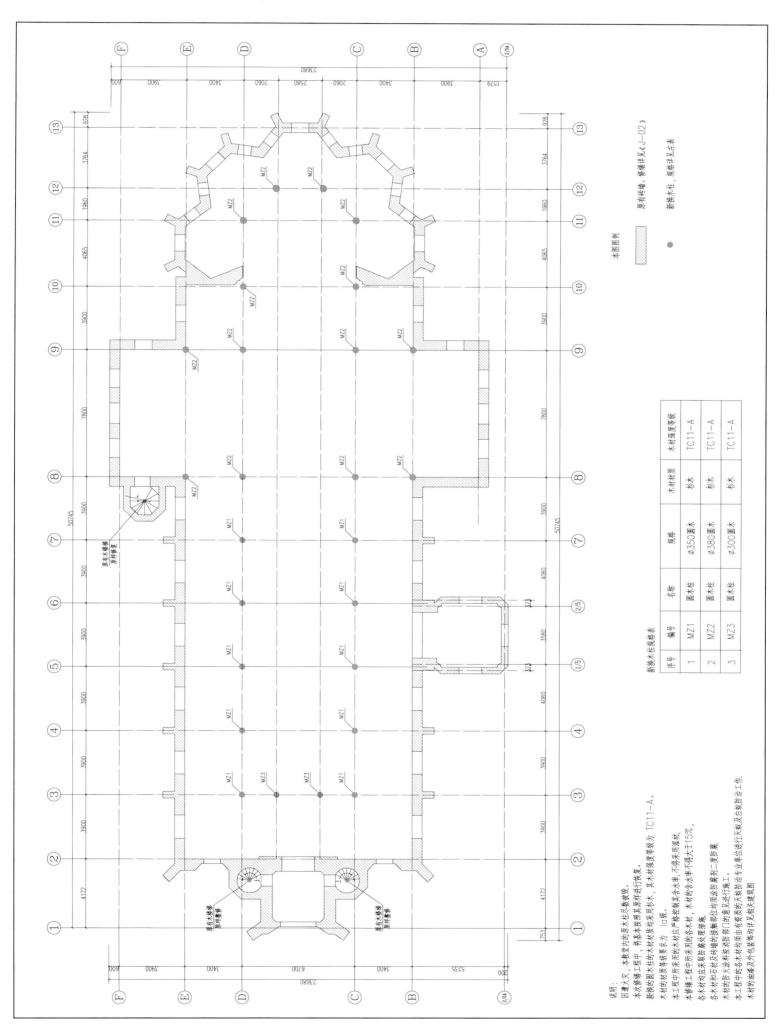

2. 木构架及木系杆修缮平面

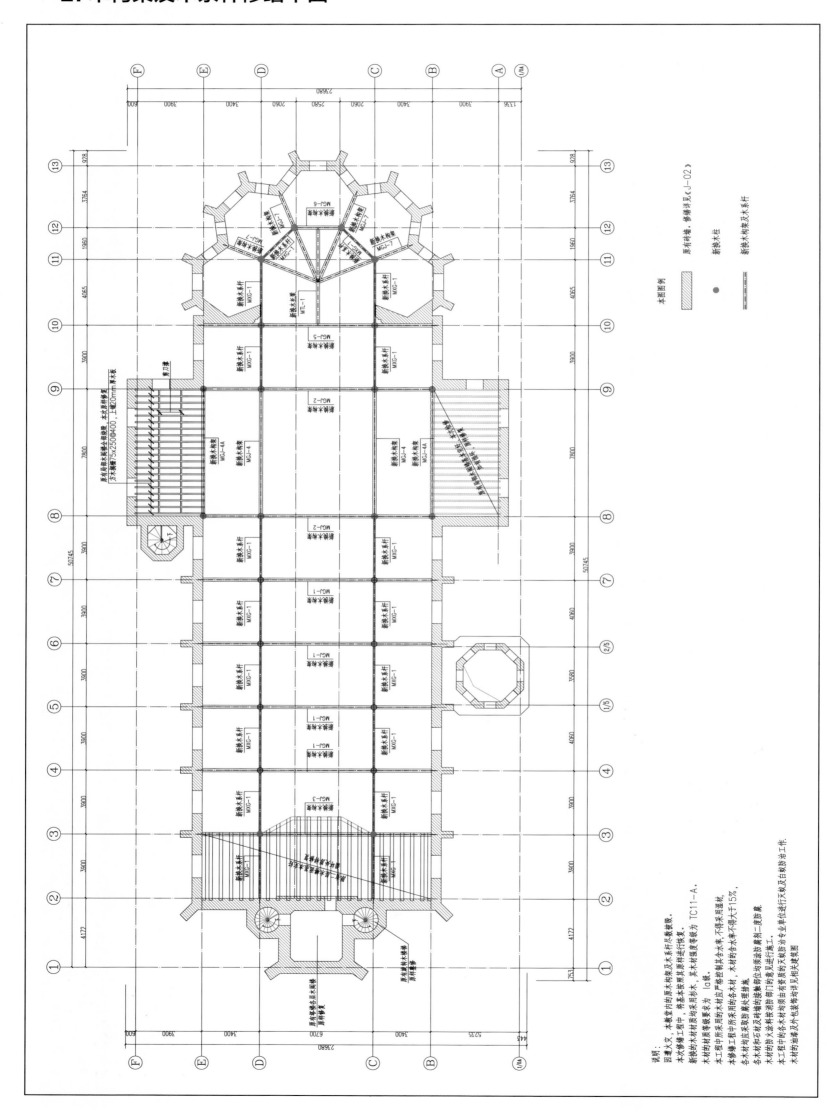

3. 屋面木檩条修缮平面

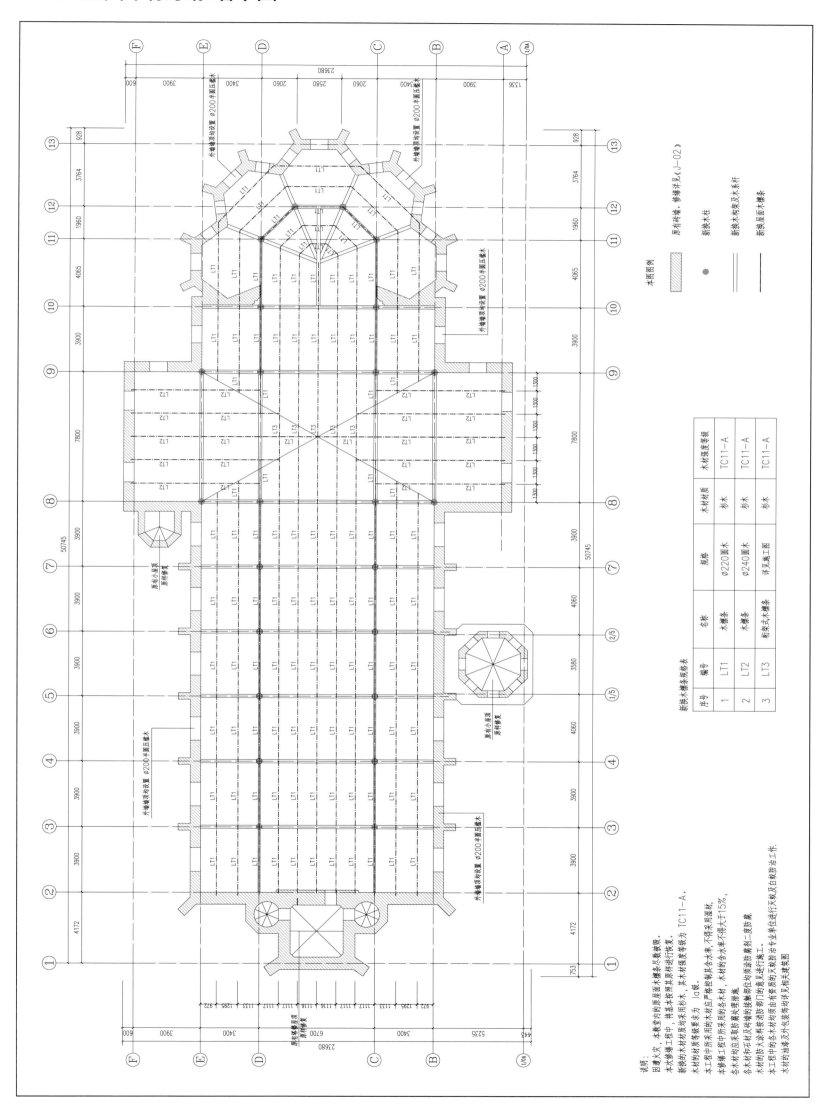

新换木檩条规格表

序号	编号	名称	规格	木材材质	木材强度等级
1	LT1	木檩条	∅220圆木	杉木	TC11-A
2	LT2	木檩条	∅240圆木	杉木	TC11-A
3	LT3	新拆木檩条	详见施工图	杉木	TC11-A

木图图例

原有砖墙，修缮详见《J-02》

新换木构柱

新换木构架及木系杆

新换屋面木檩条

说明：
因建筑内原有的原屋面木檩条已毁坏。
本次修缮工程中，将基本按照其原样进行修复。
新换的木材质均采用形木，其木材强度等级为 TC11-A。
木材的材质等级要求为 Ⅰₐ级。
本工程中采用木材应严格控制含水率，木材的含水率不得大于15%，
本工程工程中所采用的各木材，木材的含水率不得大于15%，
各木材均应采取干燥防腐处理措施。
各木材和石材及木构的接触部位均须加涂氯丁二度防腐。
木材的防火涂料及涂料涂装部门的意见进行施工。
本工程中的各木材均须由有资质的天敏及白蚁防治工作。
木材的油漆及外包装均须进行天敏及白蚁防治工作见相关处理图

4. 屋面木椽子修缮平面

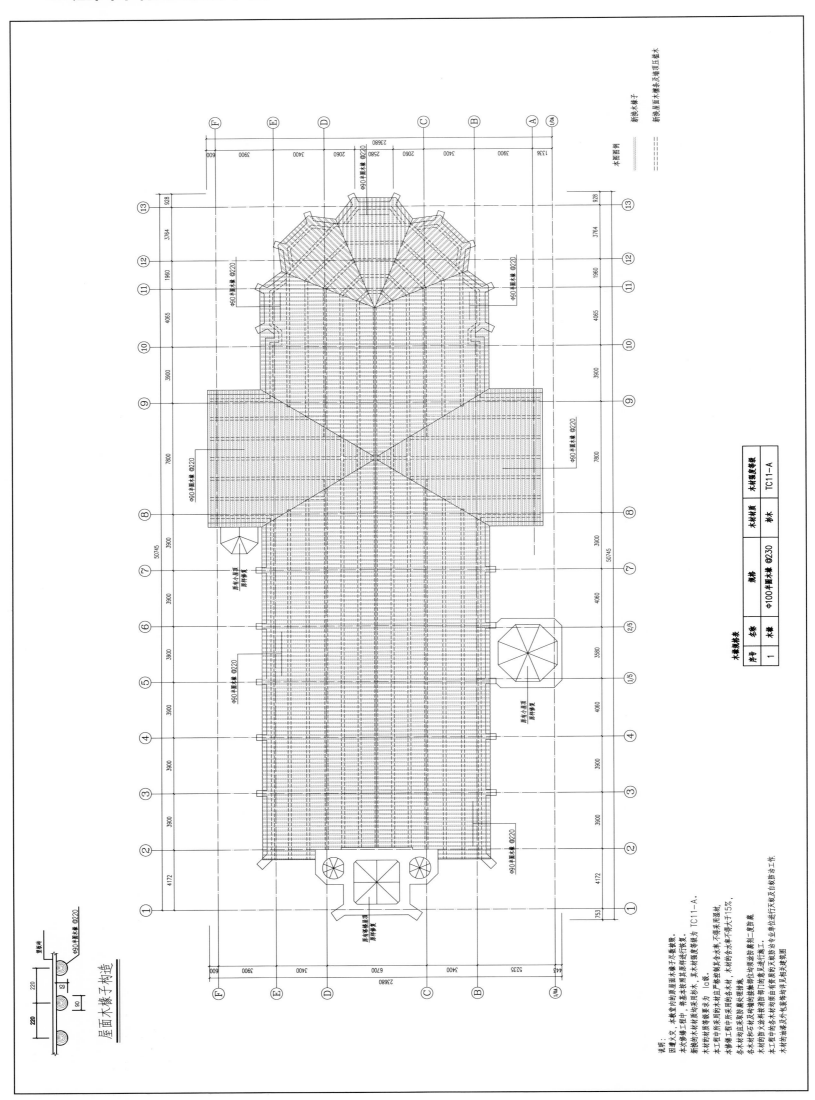

5. 钟楼标高结构修缮平面

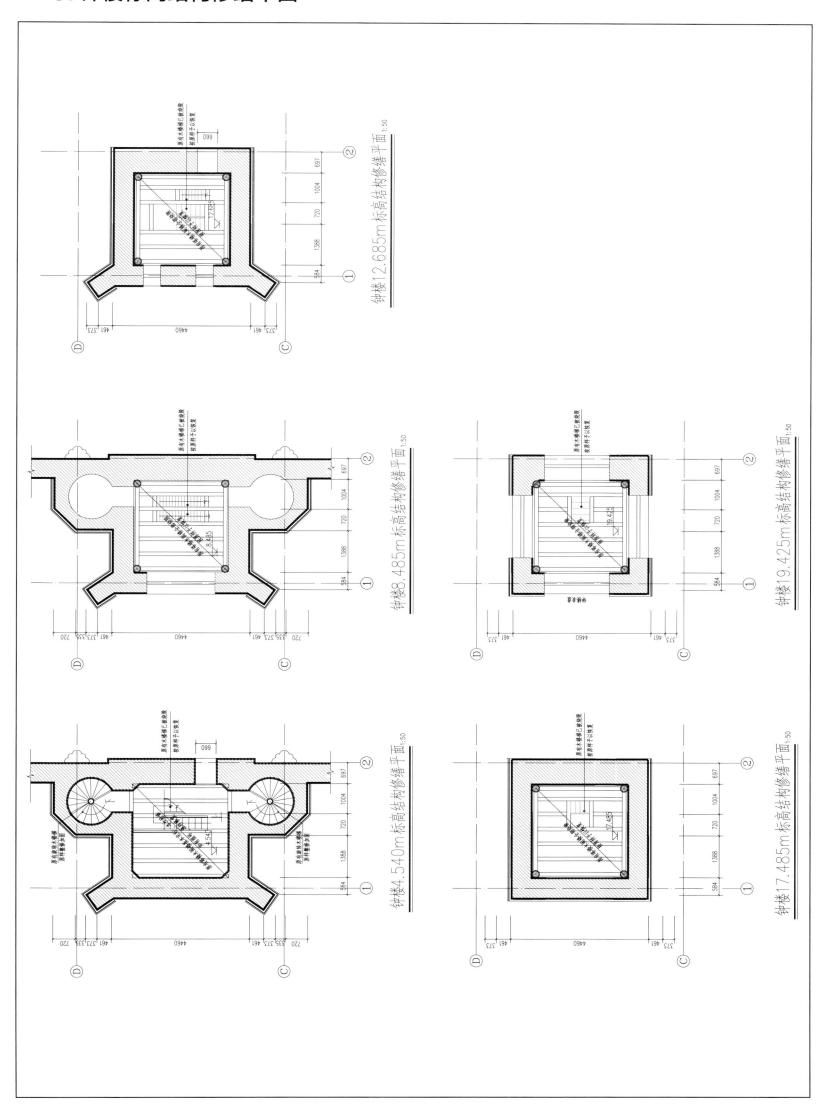

6. 教堂木构件结构透视图

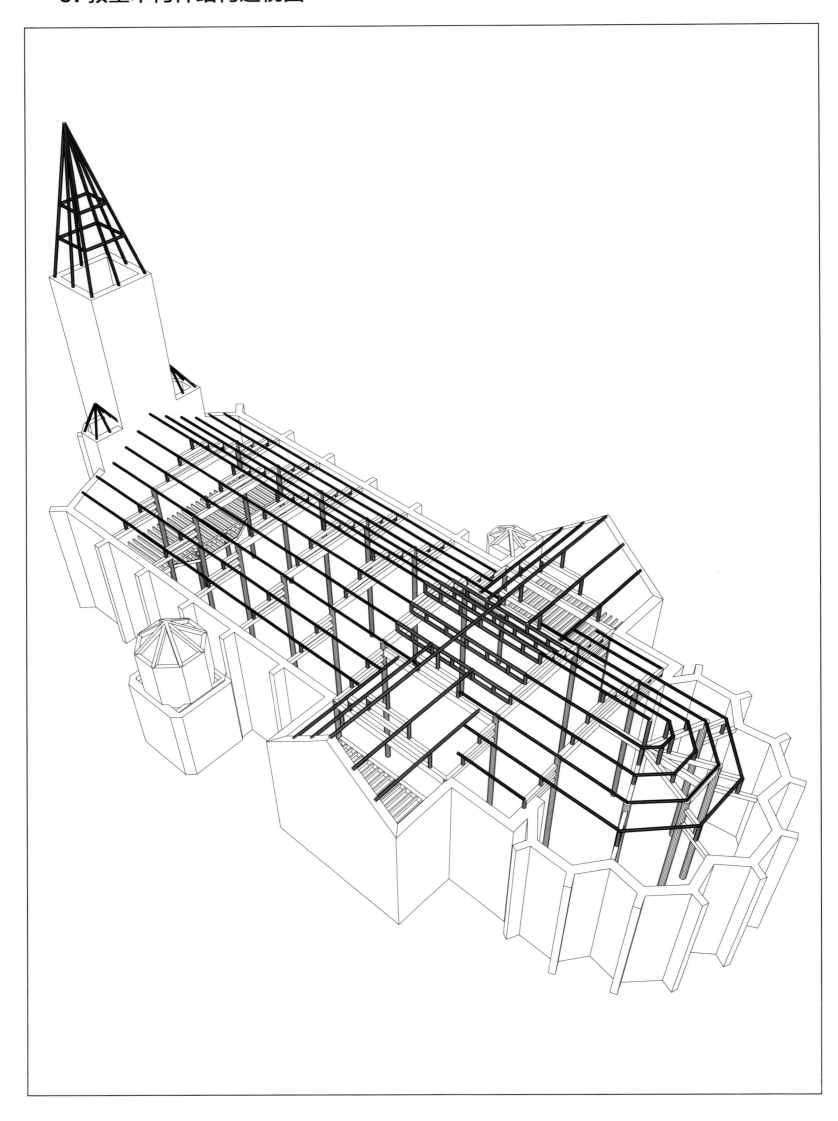

7. 新换木构架 MGJ—1 构造图

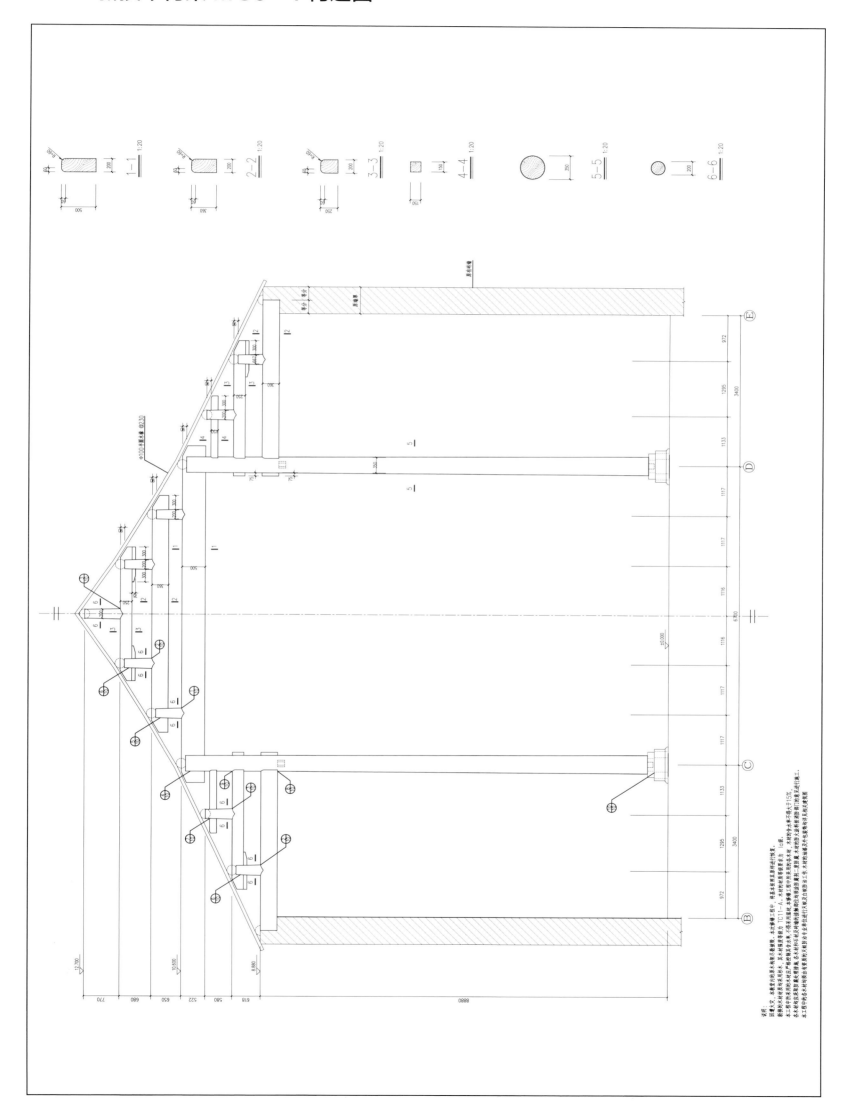

8. 木构架 MGJ—1 和檩条及系杆连接构造

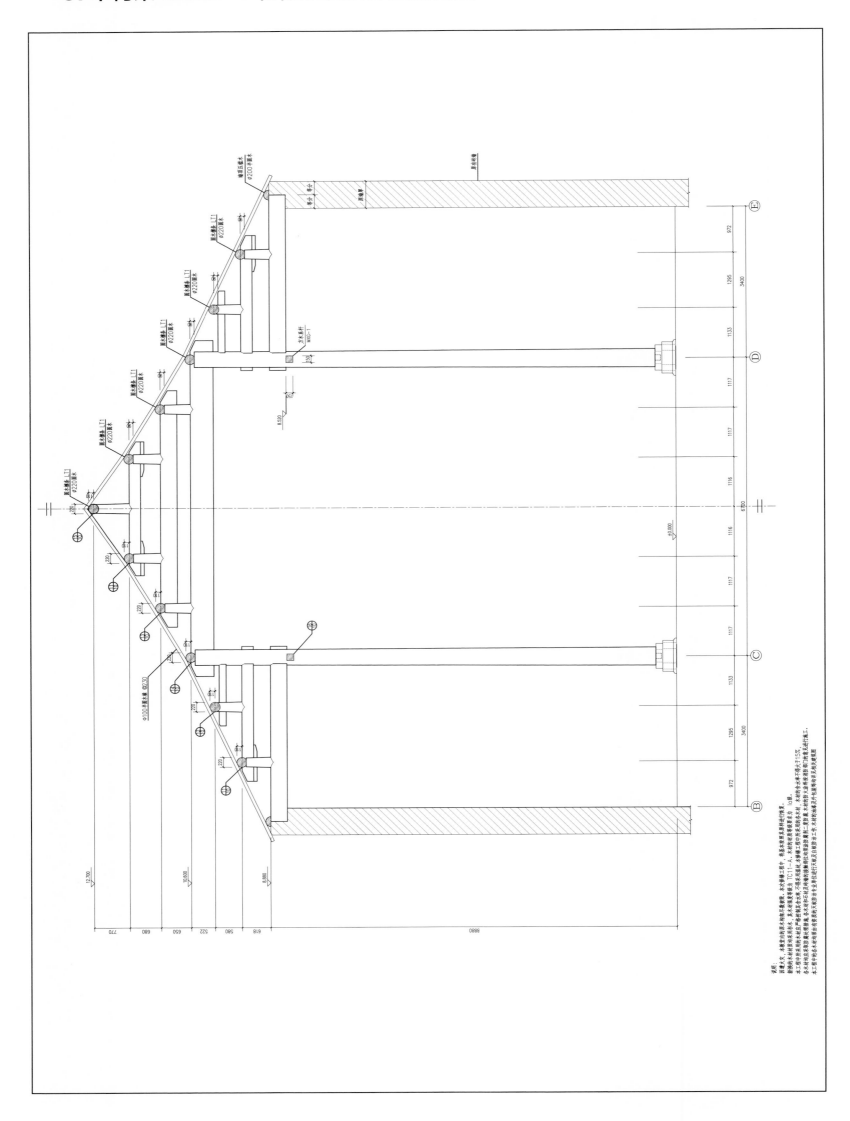

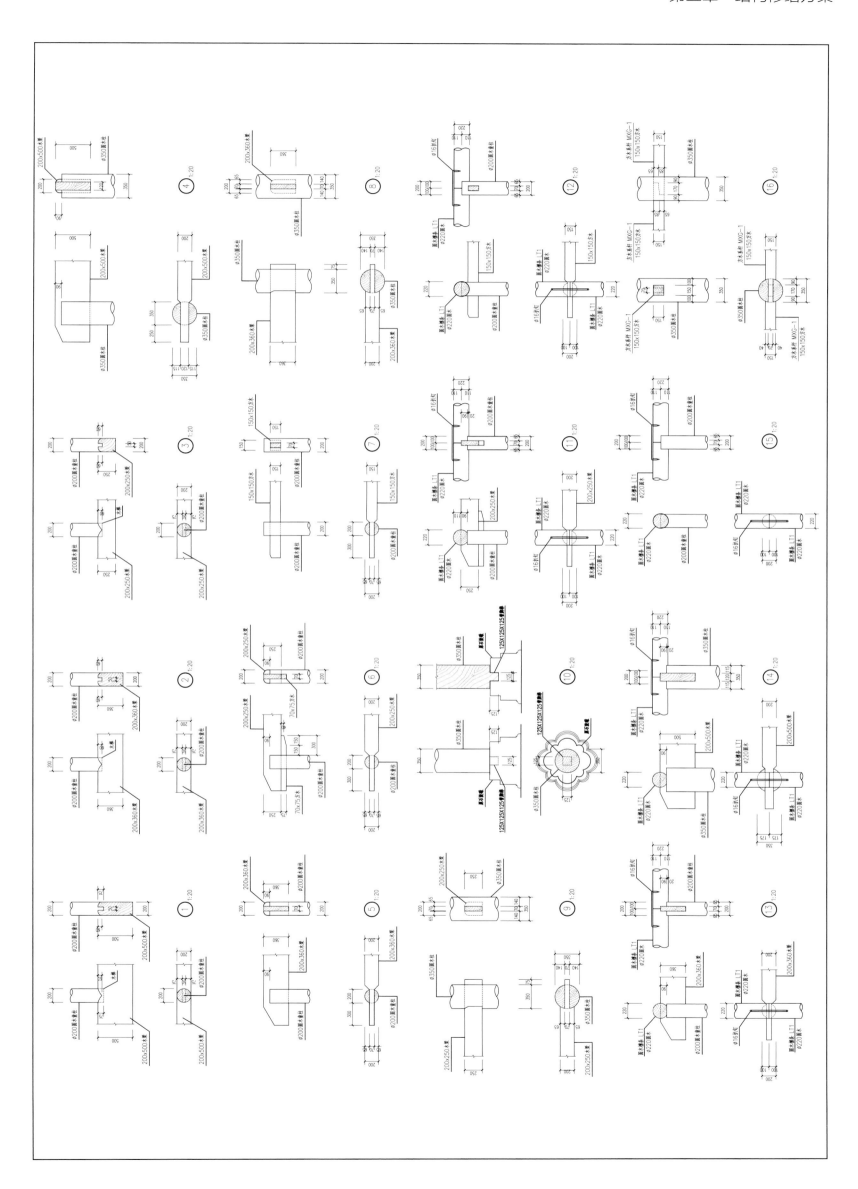

9. 新换木构架 MGJ—2 构造图

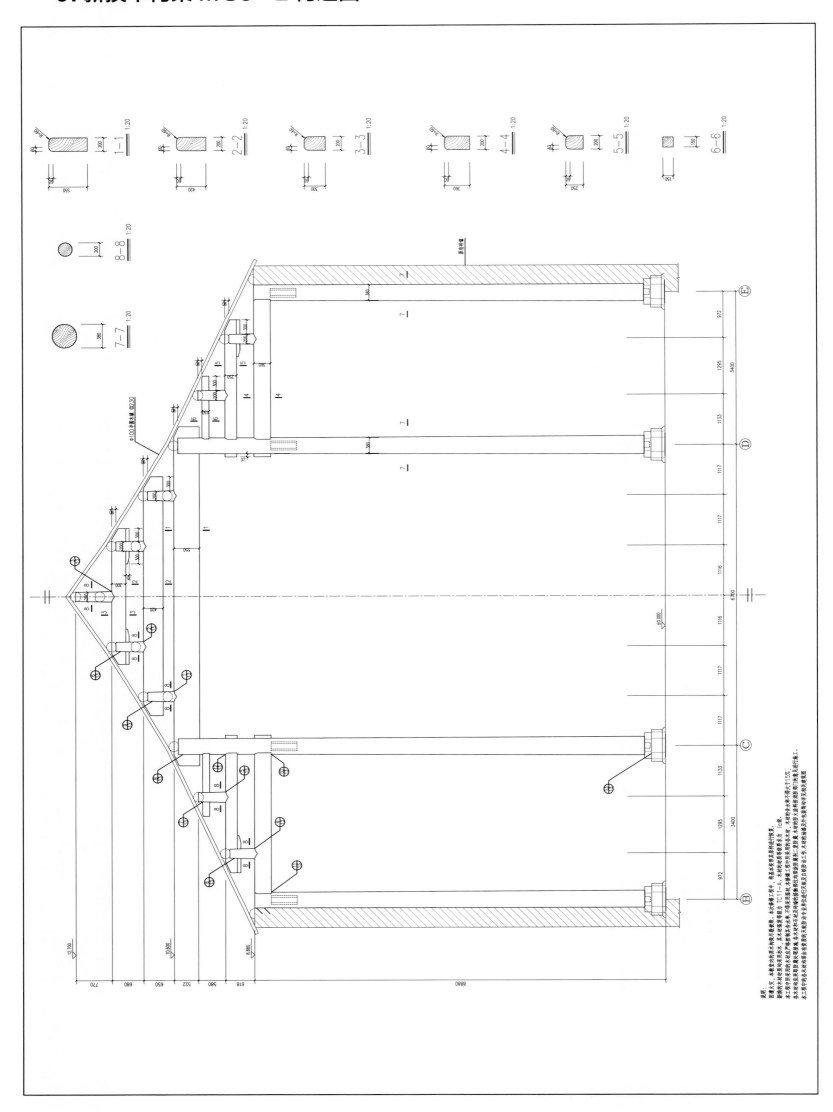

10. 木构架 MGJ—2 和檩条及系杆连接构造

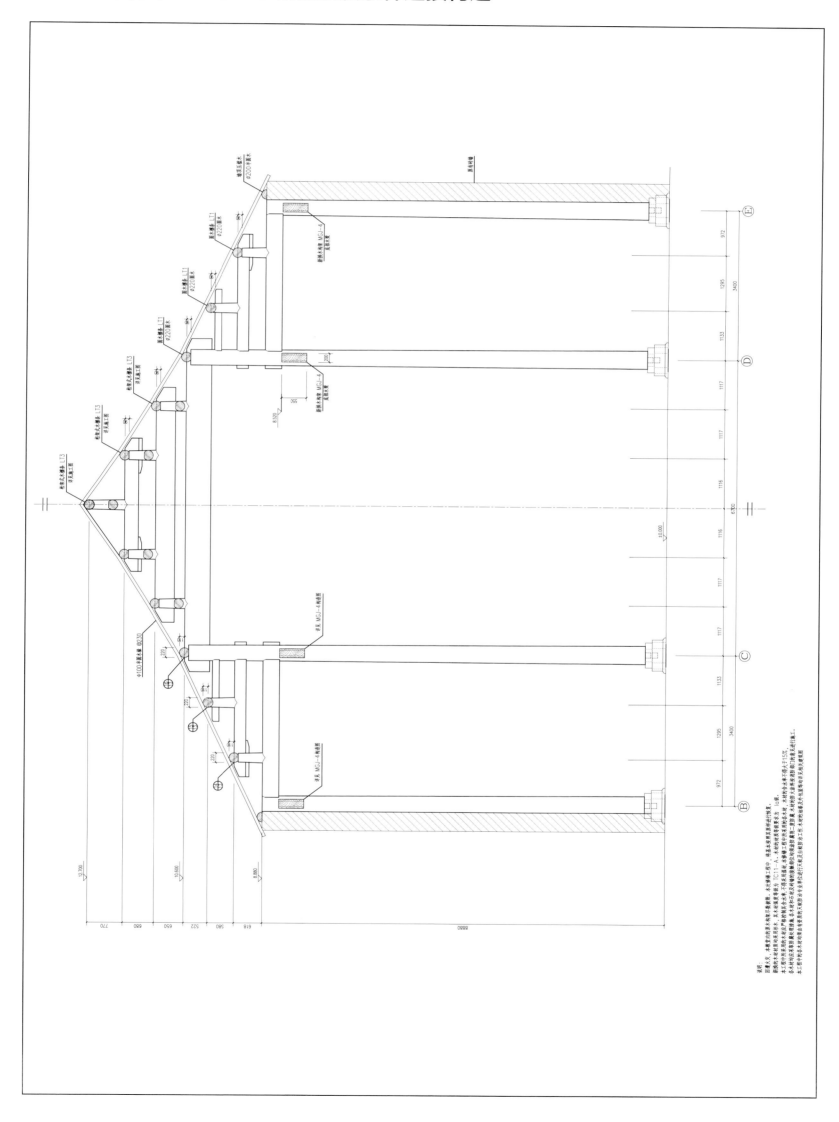

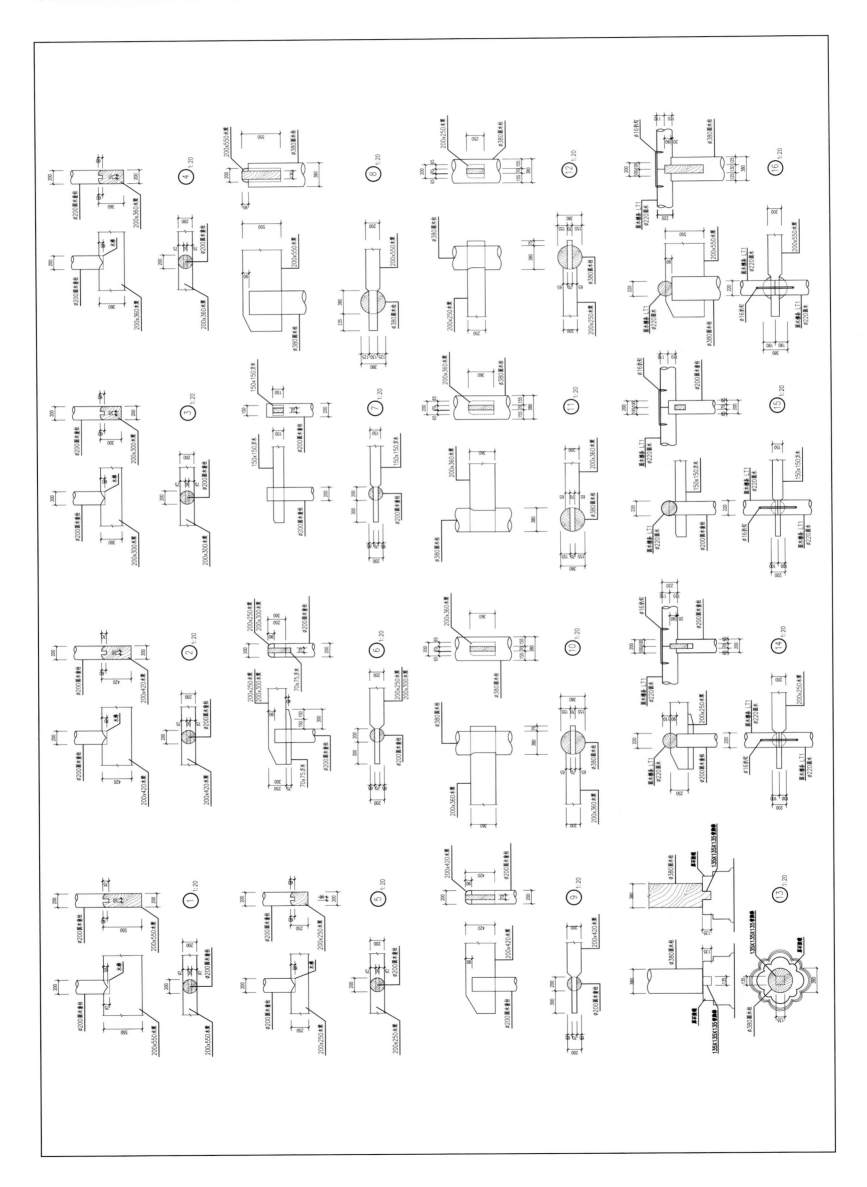

11. 新换木构架 MGJ—3 构造图

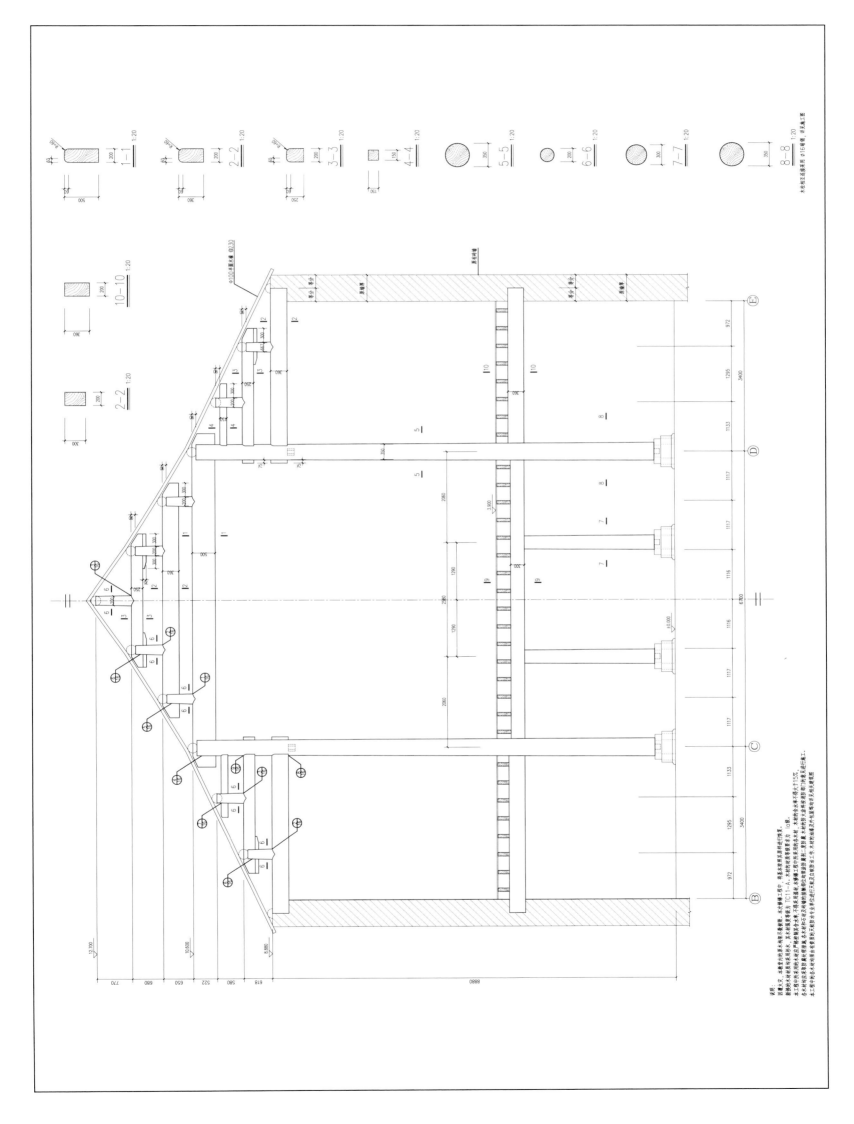

12. 木构架 MGJ—3 和檩条及系杆连接构造

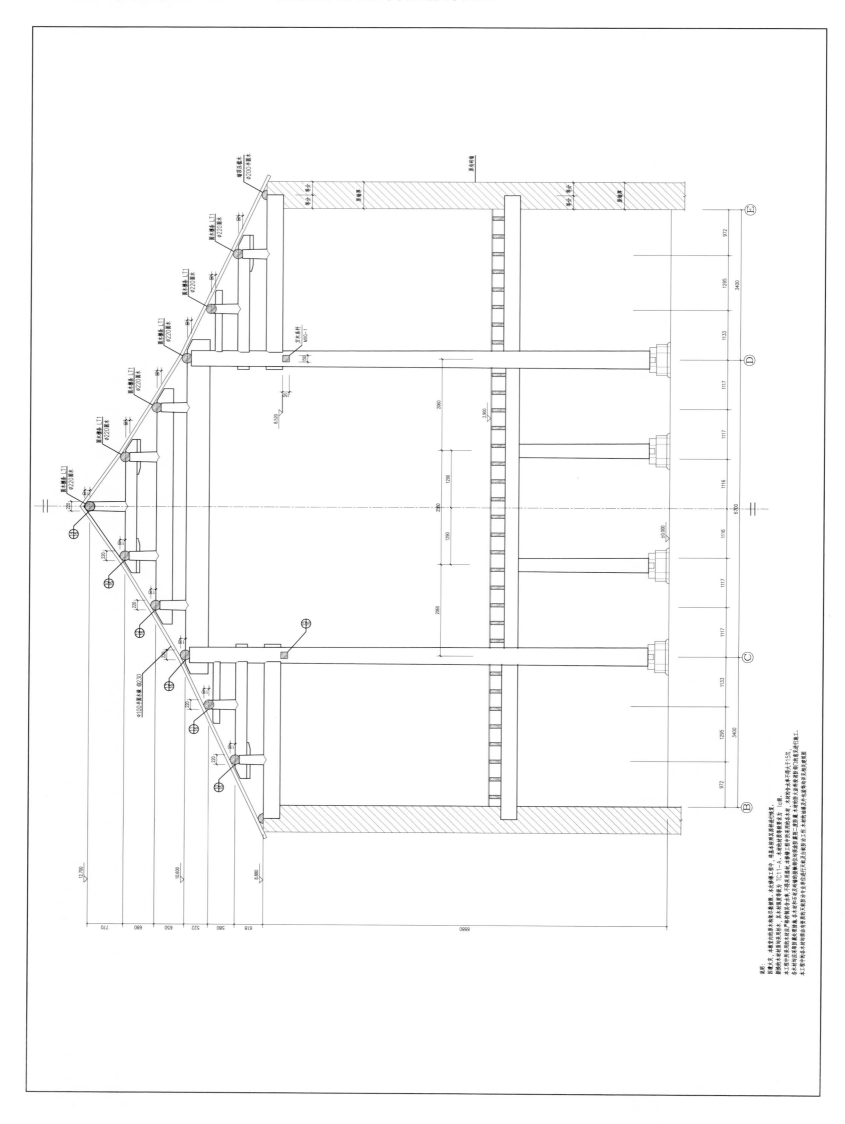

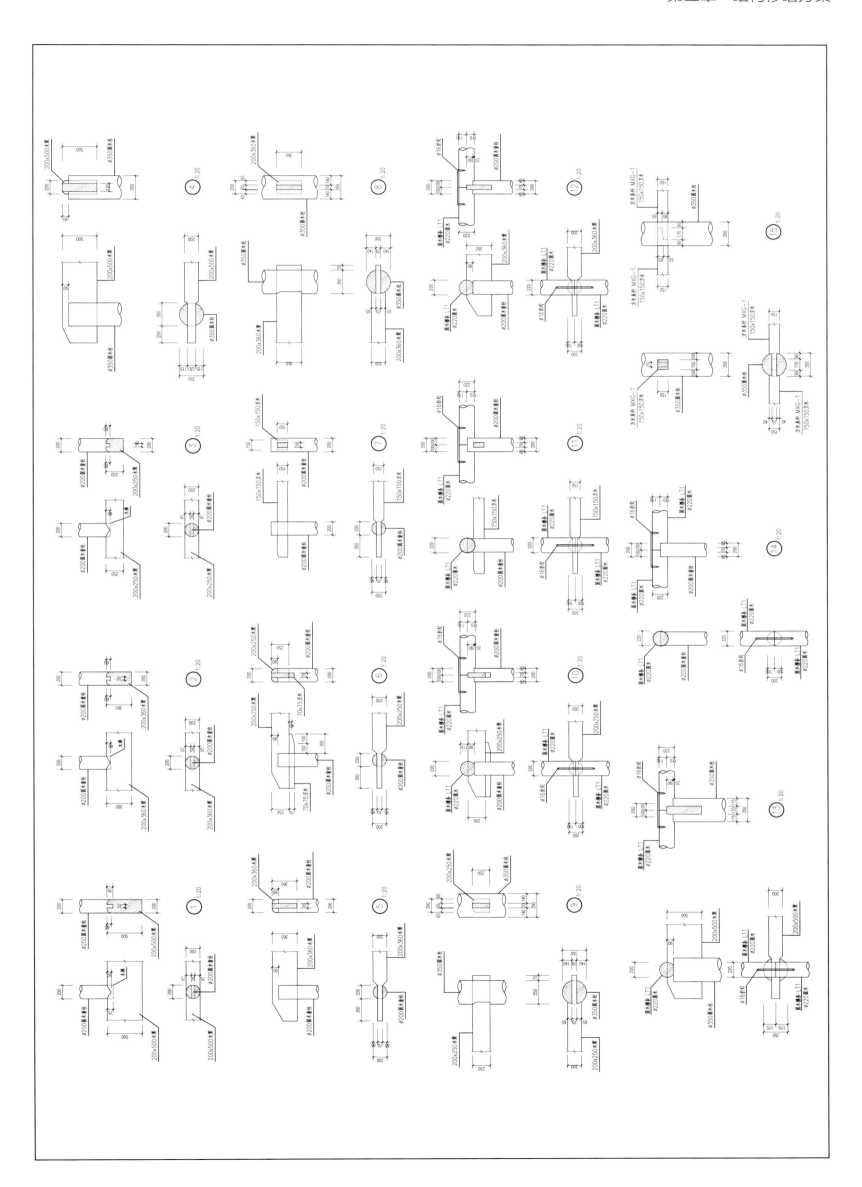

147

13. 新换木构架 MGJ—4 构造图

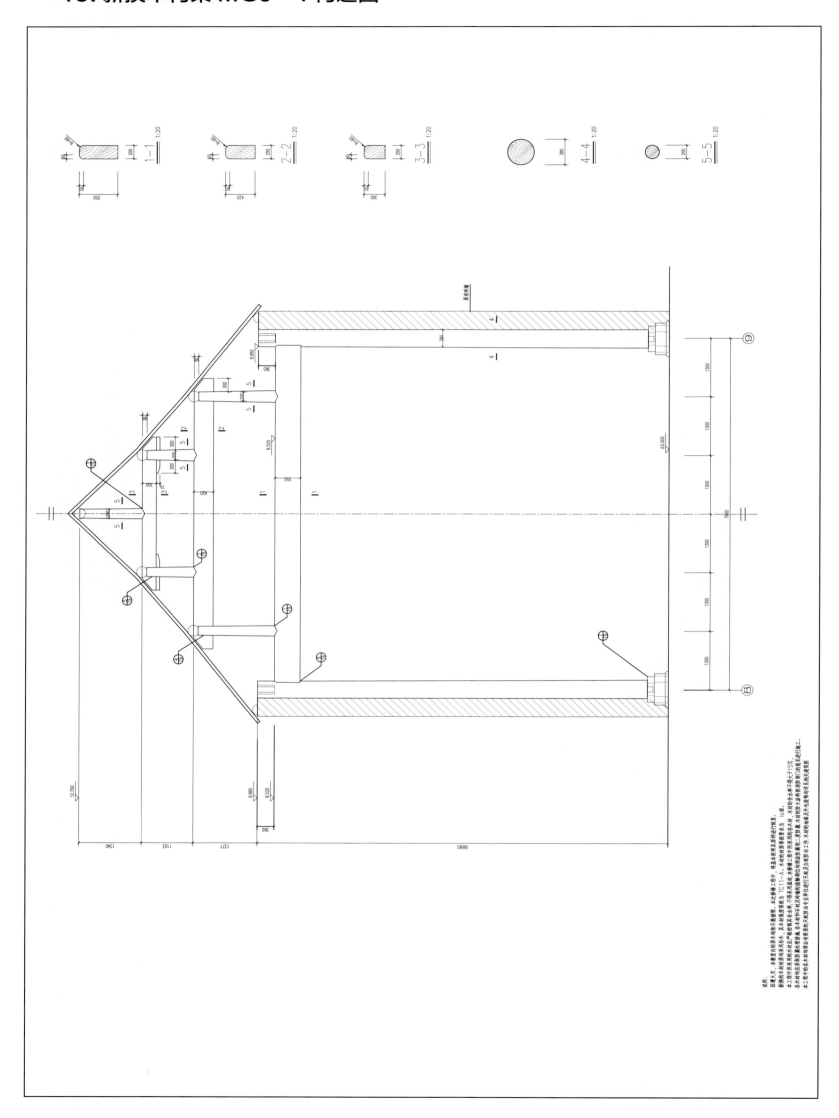

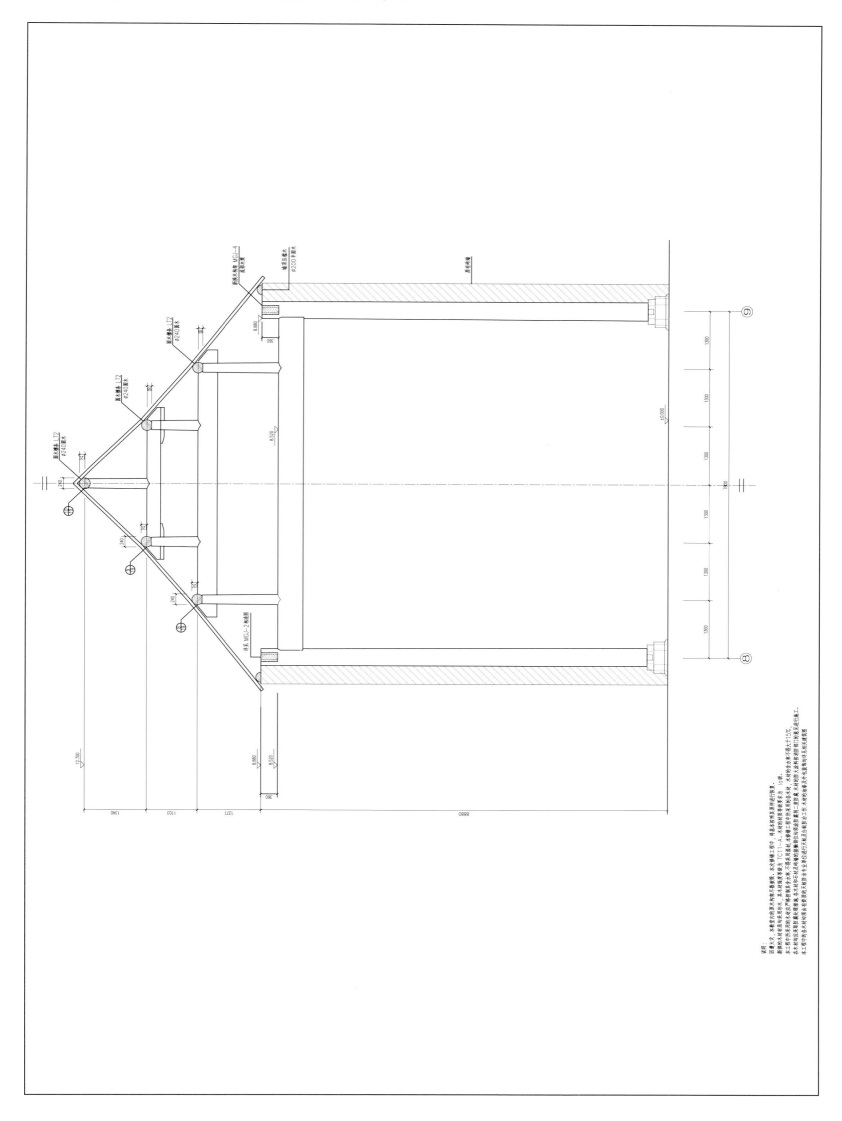

14. 木构架 MGJ—4 和檩条连接构造

149

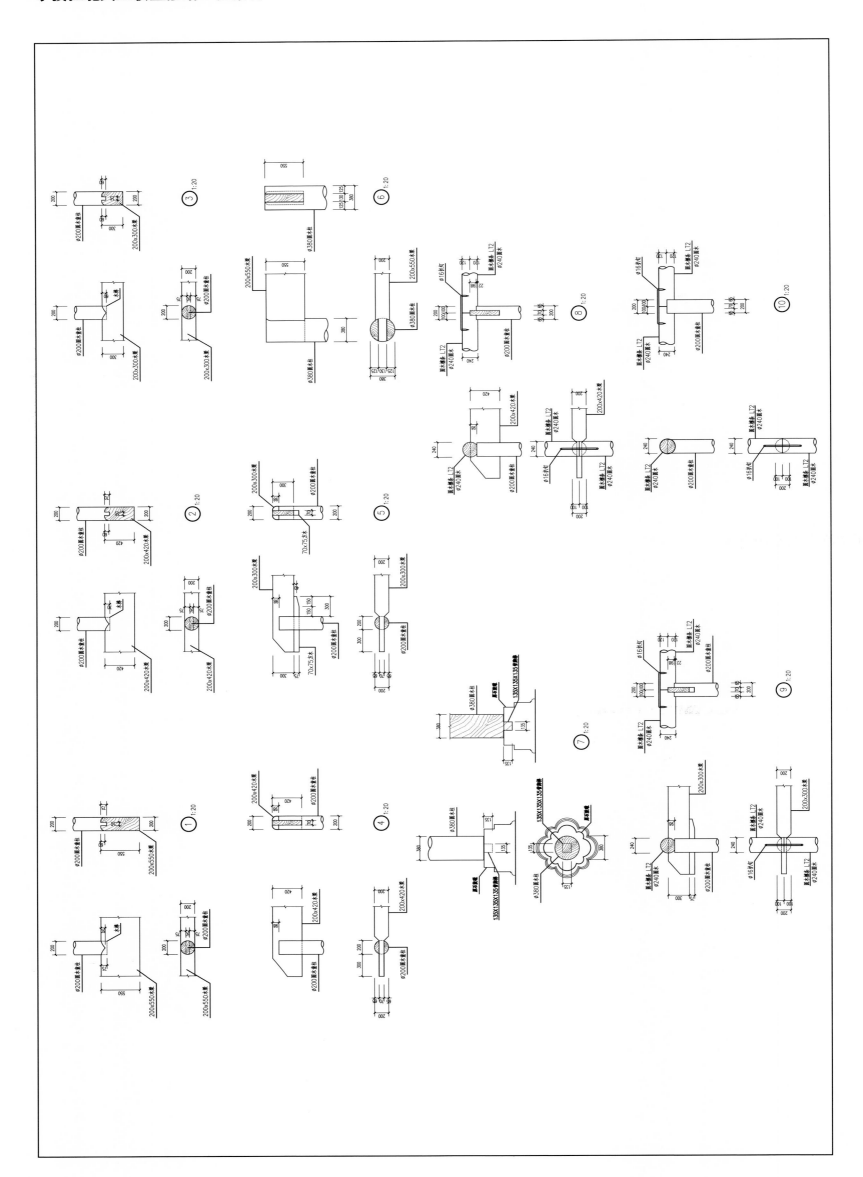

施 工 篇

第一章 工程类型和原则

1. 保护工程类型

根据中华人民共和国文化部第 26 号令通过的《文物保护工程管理办法》第一章"总则"第五条,该保护工程性质应属修缮工程,"系指为保护文物本体所必需的结构加固处理和维修,包括结合结构加固而进行的局部复原工程。"

江北天主教堂修缮工程主要由大木屋架结构修缮、教堂外墙墙体修缮、教堂混凝土屋面修缮、钟楼整修、门窗修缮、教堂木结构屋面修缮以及室内装修装饰七个部分组成。

2. 保护工程原则

(1)不改变文物原状的原则

"文物保护工程必须遵守不改变文物原状的原则,全面地保存、延续文物的真实历史信息和价值;按照国际、国内公认的准则,保护文物本体及与之相关的历史、人文和自然环境。"

江北天主教堂作为全国重点文物保护单位,其修缮应当严格遵守文物保护工程原则,突出"原状"两字。不改变文物原状是保护文物古迹的法律规定。文物古迹的原状主要有以下几种状态:

①实施保护工程以前的状态;

②历史上经过修缮、改建、重建后留存的有价值的以及能够体现重要历史因素的残毁状态;

③局部坍塌、掩埋、变形、错置、支撑,但仍保留原构建和原有结构形制,经过修正后恢复的状态。

④文物古迹价值中所包涵的原有环境状态。

江北天主教堂不同部位和构件有着不同的原状,例如梁架结构、屋面铺瓦及苫背做法、墙体砌筑及勾缝形式、弥撒钟及四面钟、室内吊顶、门窗形式及窗户玻璃、室内地面砖等。由于材料性质和结构情况不尽相同,属于不同的病害类型,修缮的要求和措施自然也会有所不同,"经过价值论证,可以按照不同的价值采取不同的措施,使有保存价值的部分都得到保护"。

根据《中国文物古迹保护准则》,"不改变文物原状的原则可以包括保存现状和恢复原状两方面内容":

1)必须保存现状的对象有:①古遗址,特别是尚留有较多人类活动遗迹的地面遗存;②文物古迹群体的布局;③文物古迹群体中不同时期有价值的各个单体;④文物古迹群体中不同时期有价值的各种构件和工艺手法;⑤独立的和附属于建筑的艺术品的现存状态;⑥经过重大自然灾害后遗留下有研究价值的残损状态;⑦在重大历史事件中被损坏后有纪念价值的残损状态;⑧没有重大变化的历史环境。

2)可以恢复原状的对象有:①坍塌、掩埋、污损、荒芜以前的状态;②变形、错置、支撑以前的状态;③有实物遗存足以证明为原状的少量的缺失部分;④虽无实物遗存,但经过科学考证和同期同类实物比较,可以确认为原状的少量缺失的和改变过的构件;⑤经鉴别论证,去除后代修缮中无保留价值的部分,恢复到一定历史时期的状态;⑥能够体现文物古迹价值的历史环境。

（2）贯彻"最小干预"原则

文物建筑保护的目的，是为了真实全面地保存并延续其所承载的历史文化信息，因此必须做到"最小干预"。江北天主教堂在修缮前经历严重火灾，除外立面外，已经破烂不堪，面目全非。对此，设计单位、施工单位、监理单位均秉承着文物保护修缮的"最小干预"原则，避免大拆大建，充分利用原构件，按照"四原"的要求，定制加工原材料进行修补。

第二章　工程前期实施

1. 施工现场的布置

由于本工程位于江北区中马路 2 号，三江口的北侧，是宁波市繁华的中心地带，来往的车流人流较大，故此对工程的安全文明施工要求更高，现场的布置及运输路线显得尤为重要。

（1）现场总平面布置

根据工程特点，施工总平面设计依据施工场地情况及各阶段施工重点分阶段进行布置，主要包括现场办公室、材料加工棚、堆场、门卫房、仓库及配套的生活设施等。为保证现场施工顺利进行，确定布置原则如下：

①在总平面布置上，实行明确施工区域的划分；

②科学规划现场施工道路和出入口，以利于车辆、机械设备的进出场和物资材料的运输，并尽可能地减少对周边环境的影响。

③满足施工需要和文明施工的前提下，尽可能减少临时建设投资；

④符合施工现场卫生及安全技术要求和防火规范。

（附：施工平面布置图）

（2）现场围墙、大门及临时道路设置

按照国家和宁波市对现场安全和文明施工的要求，进入施工现场后，在指定红线范围保证了临时围墙使用周期内的结构安全和使用功能。

①大门及围墙设置：根据施工现场实际情况和业主提供的施工区域范围，现场西北设置一处宽 4 米的大门，以供施工机械和材料运输车辆进出，并在红线范围内，砌筑一道高度为 2.5 米的围墙。

②临时道路设置：施工进场后，借天主教堂西侧原有道路通行。该道路为外滩物业管理原停车场的进口通道，能够满足施工时道路通行的条件。施工车辆进出工地时，安排专人轮班在工地出入口冲洗土方运输车辆的轮胎，避免运输车辆轮胎的淤泥污染市内路面。

（3）办公区临时设施布置

办公区采用彩钢板活动房，搭建一幢两层办公楼，一层为施工单位办公室和大会议室，二层为监理单位办公室、项目经理办公室、业主代表办公室。另外，在办公区内设有宣传栏、洗涤池等配套设施。在宣传栏上内容包括工地铭牌，安全生产六大纪律，防火须知，安全生产无重大事故日记数，工地主要管理人员名单及现场平面布置图等。

（4）临时供水管线布置

在施工场地内，按照业主提供的施工用水接驳点，先用 $\phi 60$ 直径的供水管铺设至现场后，再进行临时用水管线的布设。给水系统包括生产、现场生活用水等，管道沿施工道路埋地铺设，由接驳点引至施工现场各处用水点。消防用水采用教堂外原有消防栓，并配有相应的消防水管、水枪等。

（5）临时供电线路布置

①计算电量依据

本工程用电高峰期将会出现于上部结构的施工期间，施工用电对象以钢筋加工机械、木料加工机械以及照明设备等为主。

②电源选择

本工程依据产品厂家、规格、合格证等条件选择和布置电缆线。临时用电采用三相五线制，三根相线，两根零线，即工作接零和保护接地。施工现场采用 $3 \times 70+2 \times 50$ 的电缆用于工棚供电、施工现场供电和办公用电。电缆线布置于电缆沟中。

③用电回路布置

现场临时用电是从业主方配电房引出的回路，现场设置配电箱供电，配电箱尺寸为 $1700mm \times 700mm \times 350mm$。

④施工用电安全技术措施

A. 严格采用 TN-S 系统三相五线制。先由业主向现场的配电箱供电，后施工方用镀锌角铁接地埋入地下 3 米或采用镀锌扁铁连接现场基础钢筋，进入配电箱向现场用设备供电三相五线，即三根相线、二根零线（工作接零和保护接地），并测其接地电阻 $<4\Omega$，符合要求。

B. 根据公式计算，现场用电设备功率为 160.08KW，故采用了四个回路向现场供电。

C. 总配电房向现场四周电箱三相五线供电，再由四周配电箱向开关箱供电，级级电箱均采用 490 型，漏电断路器，四周箱均重复接地，做到三级配电两极保护。

D. 现场电箱供电电缆采用电缆沟埋设，并沿沟设有醒目标识牌，有效防止机械性损伤，介质腐蚀及老化。

E. 核算每个用电设备容量，匹配与三相符，单独的保护装置。开关、电缆电线，做到一机一闸一漏一箱的规定要求。

F. 配电箱配供电电路标识明确，箱上贴有危险警告标识，箱门封闭做法具有良好的防雨防潮性能，箱门上锁，钥匙由电箱门上所示姓名的专职电工持有，防止供错电、用错电、乱用电。

G. 现场电工分区交错巡视，发现用电人员违章用电予以及时制止并整改，防微杜渐，使现场能正确用电，安全用电。

（6）排水、排污系统布置

整个天主教堂修缮工程的施工现场排水分为生活区排水和现场排水。生活区排水直接排入市政管网，生活污水和施工污水经过沉淀处理，分别排入指定排水口后，再排入市政管线。

2. 机械设备的选配

根据工程特点和具体情况，充分考虑配备施工机械设备用于施工作业，并合理搭配机械型号。

名称、牌号、产地	已用年限	规格	数量（台）	进场与退场时间
砼搅拌机 JZ—350L	1	5.5KW	1	开工至竣工
砂浆机 WJZ—200L	1	3KW	1	开工至竣工
插入式振动器 HZ6X—30	1	1.1KW	2	开工至主体完成
平板式振动器 PZ—50	1	1.1KW	2	开工至主体完成
电焊机 BX3—40	2	23.4KW	1	开工至主体完工
钢筋切断机 GJ5—40	3	7KW	1	开工至主体完工
钢筋弯曲机 GJ7—45	3	2.8KW	1	开工至主体完工
钢筋调直机 GJ4—14／4	3	4.5KW	1	开工至主体完工
对焊机 VN1—100	4	85KW	1	开工至主体完工

名称、牌号、产地	已用年限	规格	数量（台）	进场与退场时间
木工电刨 MB503A	3	2KW	2	开工至竣工
木工园盘锯 MJ140	3	3.5KW	2	开工至竣工
气泵	5	1KW	1	装修至竣工
高压泵 WP30X	1	2KW	1	开工至竣工
电锤	2	1.5KW	2	开工至竣工
电钻	1	0.5KW	3	开工至竣工
磨光机	2	0.5KW	2	开工至竣工
切割机	2	1.5KW	3	开工至竣工
砂轮机	2	1KW	3	开工至竣工
手提刨	1	0.5KW	5	开工至竣工
电动套丝机	1		1	开工至竣工

3. 现状安全的保护

根据对江北天主教堂的保护要求以及长期修缮文物建筑的成功经验，在主教堂开工前对需保护部位采取了严格的保护措施，对部分饰面也进行了覆盖或封闭。此外，还对施工过程中的半成品实施了相应的保护工作。该工程修缮的重点之一是尚未被大火烧毁的主教堂外墙面，因此在外墙修缮过程中，对原有墙体的保护即是施工前的重中之重。

4. 脚手架的搭建

天主教堂由于考虑到火灾后至修缮工程启动前之间的空当期，整体结构受损的主教堂具有极大的安全隐患，故内外采用钢管脚手架进行临时抢险加固。但是，用于加固搭建的脚手架出现直接落地、距离墙体较远等情况，不符合施工规范和需求，不利于施工且有较大危险性，需要拆除后重新搭建。新搭建脚手架的施工重点主要有以下几个方面：

（1）材料选择：采用外径 Φ48mm、壁厚 3.5mm 的钢管，且无严重锈蚀、弯曲、压扁或裂缝。钢管扣件的质量符合建设部《钢管脚手架扣件标准》要求，有扣件生产许可证的厂家，并有出厂合格证，没有脆裂、变形、滑丝等情况，规格与钢管相配。操作平台采用毛竹脚手板，安全围护采用密目网封闭。

（2）构造搭建：①结合本工程建筑物高度及建筑周围环境，外架搭设的基本满足横平、竖直、整齐、清晰、图形一致以及连接牢固的要求，并有一定的安全操作空间。②脚手架的立杆落脚在砼面上，平直稳放在垫木上，以保证立杆不下沉，立杆下端垫平，并设扫地横杆。③脚手架装有避雷接地装置。④立杆、大横杆、剪刀撑的有效搭接长度在 400mm 的范围内，且有二个以上扣件紧固，脚手架设有剪刀撑，与地面夹角呈 45°～60°，自下而上连续设置。⑤脚手架的立杆排距为 1.2m，纵距 1.5m，步高 1.8m，每步大横杆 4 根，小横杆水平间距 1.5m。脚手架的立杆距墙体控制在 200mm 范围内。⑥脚手架采用刚性拉结，牢固且稳定。拉接点垂直距离不超过 4m，水平距离不超过 4.5m。⑦脚手架上的脚手片做到层层满铺，绑扎牢固，铺设交接处保证了平整、牢固、无跳头。⑧脚手架使用前经验收（可分层、分段）合格后，方才使用；拆除前经安全技术交底后，严格按照安全技术操作规程进行作业。

（3）防护设置：①外架外侧满挂密目安全网，防止物体向外坠落。②在架体顶层设置两个外挑卸料平台，平台用脚手板满铺。

（4）安全管理：①本项目脚手架搭设人员均为持证上岗的专业架子工。②搭设人员搭设施工时戴安全帽、系安全带、穿防滑鞋，严格遵守安全制度。③脚手架的构配件质量与搭设质量，按规范规定检查验收合格后，才投入了使用。④作业层上的施工荷载符合设计要求，未有超载情况。⑤工地现场安排专人负责脚手架的安全检查与维护。⑥临街搭设的脚手架，外侧均有防止坠物伤人的防护措施。

（5）有序拆除：实施拆除脚手架时，采取由上而下逐层进行，严禁上下同时作业；连墙件随脚手架逐层拆除，即先拆除脚手架，后再将连墙件整层或数层拆除；分段拆除高差均未超过2步，对于高差大于2步的情况，施工单位采用增设连墙件的措施进行加固。

1. 木结构修缮复原

在主教堂建筑中，由于火灾损毁情况严重，现存木结构所剩无几，柱子、梁枋、桁檩、椽子、楼梯、楼板等木构件均需重新选材，按照原测绘图纸进行复原重建，故此木材用量很大。在整个木结构复原工程中，重要工程环节需要注意以下几个方面：

（1）木结构施工准备

根据柱、梁、檩、椽、楼梯、栏杆等不同部位的木构件，按木材所需种类、数量、规格等内容，列出材料清单。然后，依据设计要求，木材的品种、材质、规格、数量与施工图一致，板材、木方没有腐朽、虫蛀现象，连接受剪面上没有裂纹，材料上没有过于集中的木节及活木节；所购木材经宁波市产品质量监督检验研究院检验，含水率为12.1，符合标准。

（2）木构件制作加工

木构架主要由柱、梁、桁、枋、屋面木基层等构件组成。加工前，先是依据《古建筑木结构维护与加固技术规范》对原材料进行全面检查，以确保木构件质量。接着，按照图纸核对尺寸，确认无误后才开始进行选料断料。在木构件制作过程中，对所选木料进行了准确画线，保证了柱、梁、枋、桁等构件截面尺寸的承重强度。

（3）木构件安装

大木安装遵循先内后外，先下后上的原则，对号入座。安装前，施工人员认真核对了各构件尺寸和数量，检查各构件榫卯结构完成情况，是否存在遗漏，并事先对人员的分配布置，以确保木构件顺利安装。木柱立完后，安装穿插枋及大小额枋，随后将木柱进行初步找正。接着，按照位置标号安装梁架，并将木柱正式拨正。梁架全部安装完后再进行一次梁架拨正。最后，从上向下依次进行桁檩安装，待各桁安装后，完成钉椽铺望。

（4）白蚁防治及"三防"处理

所有使用木材，在加工制作前都是进行"三防"处理后，才进入下一道工序。白蚁防治工作由专业机构白蚁防治站具体实施。

主体木结构维修结果

维修前图片

维修中图片

维修后图片

2.外墙墙体修缮保护

由于主教堂外墙体历经百年风雨，风化现象较多，且又遭火灾损伤，故需进行全面检测、局部修补或替换，修补或替换施工以先进的墙面加固技术手段和采用与原材料相同或相近的材料为主。

（1）清除清水砖墙表面各种污染

① 清除表面垢痂

主教堂外墙为清水砖墙形式，清洗作业自上而下进行。其中，较为清洁墙面采用碳硅尼龙刷蘸清水进行人工洗刷；中度污染墙面采用在清水中加活性酶，并用碳硅尼龙刷进行人工洗刷；少量重度污染墙面则采用高压水加石英砂进行清洗，恢复清水砖墙原貌。

② 清除表面水泥层

主教堂外墙在后期使用过程中，存在水泥粉刷情况，严重破坏了外立面感观效果。其清除方法是在不损伤原清水墙体表面的前提下，采用人工进行逐一凿除，凿除时使用铲刀斜向铲除墙面水泥粉刷层或采用扁平凿子轻轻敲击墙面；表面残余配合清除垢痂的清洗手段。

（2）修复清水砖墙表面缺陷

① 修补墙面风化、残损部位

针对主教堂外墙面风化、腐蚀或剥皮等部位，在确保不破坏原墙体前提下，使用扁平凿子轻轻敲击，击落已酥松表层。同时，依据墙面不同破损情况，用相似的材料和修复技术进行分类修补。主要修补类型有以下几种：

A.修补风化深度小于2mm砖砌墙体。该类型墙面原则上不进行修补，仅以提高清水砖墙表面强度为主要措施，即对修补部位基底清洗后，再用进口砖石增强剂进行整体涂抹。对于部分砖缝松动起壳情况，先剔除墙面起壳砖缝，然后使用专用勾缝材料对修复后墙面进行勾缝。

B.修补风化深度2~20mm砖砌墙体。首先对主教堂外墙病害类型及成因进行调查分析，并依据不同情况利用化学试剂对污垢进行溶解、分离、降解等化学处理，使外墙达到去垢、去污、脱脂等目的。而后，在不破坏原清水砖墙的前提下，剔除风化层和起壳砖缝，并于修补后利用加入进口颜料的专用勾缝剂进行重新勾缝。为阻止墙体继续风化、腐蚀，并有效防水，采用具有透气不透水性的有机硅溶液，对墙面由下而上仔细喷洒2~3遍，确保修复后的砖墙能够较长时期减少病害侵扰。

C.修补破损深度超过20mm砖砌墙体。首先利用化学试剂对污垢进行溶解、分离、降解等化学反应，使外墙达到去垢、去污、脱脂等目的。而后，剔除墙面需替换砖块，再用颜色、尺寸同于原砖墙的砖块进行补砌，新补砌砖墙表面平整，立面、头角垂直，灰缝平直，其形制与原砖墙基本一致。接着，在补砌后，利用加入进口颜料的专用勾缝剂进行重新勾缝。最后，为阻止墙体继续风化、腐蚀，并有效防水，采用具有透气不透水性

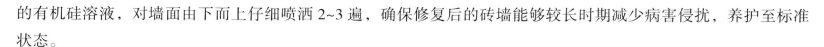

的有机硅溶液，对墙面由下而上仔细喷洒 2~3 遍，确保修复后的砖墙能够较长时期减少病害侵扰，养护至标准状态。

② 修复墙面残留孔洞

先是对主教堂外立面清水砖墙局部空洞及缺损表面进行彻底清洗，而后用颜色、尺寸同于原砖墙的砖块进行嵌补。

③ 修补墙体裂缝

本项目墙体裂缝的修补措施主要采用压力灌浆的方法进行补强加固。针对主教堂外墙体局部少量的裂缝情况，在灌缝施工前先是对墙体裂缝的走向、宽度、深度进行全面检查，必要时使用云石锯片将断裂缝加宽至 5mm，加深至 15mm，以增加胶着面积来提高牢度。而后，清洁工作面，并依据裂缝情况及浆液使用范围选定配比，用专用灌缝砂浆混合专用砖色色粉或砖粉对裂缝进行深层灌注。接着，利用加入进口颜料的专用勾缝剂进行重新勾缝。最后，为阻止墙体继续风化、腐蚀，并有效防水，采用具有透气不透水性的有机硅溶液，对墙面由下而上仔细喷洒 2~3 遍，确保修复后的砖墙能够较长时期减少病害侵扰，养护至标准状态。

压力灌浆浆液宜选用掺有悬浮剂的悬浮水泥浆。其中，水泥选用 42.5 的普通硅酸盐水泥，砂子粒径不大于 0.5mm（可用窗纱过筛选择），所用悬浮剂则要求符合环保标准。在实际灌浆施工中，对工艺及顺序要求较高，主要有以下几个重要环节：

A. 灌浆前应铲除沿砌体裂缝两侧 10~20mm 宽的污物层，并吹净孔眼及裂缝内的碎砖灰粉，达到缝隙通畅，并在墙体贯通裂缝的顶端设置排气孔眼。同时，用封缝材料对裂缝表面进行封闭处理以防跑浆，封缝材料凹进墙内 10mm，以留出砖粉修复剂修复嵌补墙体的厚度。由于封缝必须严密、牢固，故实施前先注入压力为 0.2~0.3MPa 的适量清水，再进行灌浆作业。

B. 灌浆共分成两次进行作业，压力均控制在 0.2~0.25MPa 之间。第一次灌浆顺序由下向上单孔逐一连续进行，间隔约 30 分钟，当相邻孔开始出浆后封闭灌浆孔，直至最上面的灌浆孔出浆后封闭；第二次则从上向下进行补灌。灌浆完毕去掉外露灌浆塞，清理干净已固化的溢漏浆液，使浆液基本达到饱满、密实，粘结牢固。接着，做好灰缝，恢复清水墙原貌。

C. 灌浆压力通过灌浆试验确定。该灌浆作业采用纯压式灌浆，压力表安装在孔口进浆管路上。实际操作过程中，在钻好的孔内粘结安装灌浆导管，使其与钻孔紧密结合，确保注浆时导管与钻孔之间不会跑浆，从而达到设计压力。灌浆浆液浓度也是由稀到浓逐级变换。

（3）增加墙体防潮措施

为确保主教堂清水砖墙修复后，能够长时期保存原状态，防止地下水通过毛细水上升作用渗入修复后的砖墙体内，故在清水砖墙修复的同时采取以下墙体防潮措施。

① 修复墙体防潮层原理

主教堂墙体修复防潮层措施主要采用一种化学注射方法，即是将硅氧烷和丙烯酸复合防水剂沿钻孔注入墙体后，一方面通过毛细作用进入材料中，另一方面沿墙体内裂隙、薄弱带渗透流动扩散，使钻孔周围的砖体的毛细系数降低，形成防水带，从而防止毛细水的上升。

② 修复墙体防潮层的施工

根据该项目修复墙体防潮层的作业原理，先是铲除内墙侧高度 500mm 的粉刷层，并做好内墙表面的清洁、除尘。而后，完成打孔环节，孔眼多选择在砖缝间；其中，孔径为 20~30mm，孔深约 210mm，孔间距为 100~120mm，距离地面高度 500mm，角度为 25°~30°。除打孔位置之外，其余砖缝采用专用勾缝剂进行勾缝。接着，注入硅氧烷和丙烯酸复合防水剂，一天后，打孔位置用封孔防水砂浆封护。墙根 500mm 高度的墙面做防水封护，即喷洒一遍特种防水剂后涂刷防水砂浆。待养护 24~48 小时后，按设计要求对内墙表面进行粉刷。

墙体维修效果

维修前图片

维修中图片

墙体维修效果

维修后图片

3. 屋面修缮工程

屋面修缮是一个重要分部工程，做好屋面工程的细部既是确保屋面不渗漏的关键，也是屋面观感质量的重要方面。

3.1.1 铺瓦屋面工程

主教堂屋架为传统木结构形式，任何部位短期内的漏雨都可能造成木材腐朽，因此，屋面防水施工是本次修缮工作的重点之一，而提升直接影响屋面防水性能强弱的防水层、灰背施工质量就显得尤为重要。

根据屋面结构层次，铺瓦屋面施工时的重点有以下几个方面：

（1）灰背施工：在实际施工中，沟眼要尽量留得大一些，确保水流通畅。同时，还要注意不能出现局部积水。抹灰背时下面望砖应干净、湿润，防止出现开裂情况。

（2）平瓦施工：施工前，先在主教堂屋面弹出屋脊线及檐口线、水沟线，依据屋面瓦的特点和屋面实际尺寸，计算出屋面瓦所需用量，并弹出每行瓦及每列瓦的位置线，以便瓦片铺设。而后，为保证三线标齐，在屋檐第一排瓦和屋脊处最后一排瓦施工前进行预铺施工，檐口第一排瓦、山墙处瓦片以及屋脊处的瓦片全部进行固定，其余以间隔梅花状固定，并用铜钉穿过瓦孔钉于灰背上。最后，用手提切割机将排水沟部位的瓦片裁切整齐，底部空隙用砂浆封堵密实、抹平，平瓦伸入天沟、檐沟的长度均控制在了50mm范围内。

（3）筒瓦施工：该作业环节对材料挑选的要求极为严格，严禁有裂缝的筒瓦上屋面。在实际施工过程中，先是栓线铺灰，将檐头滴水瓦固定。接着，铺设底瓦，按照排好的瓦当和脊上陇的标记，把线的一端拴在铁钉上，一端拴一块瓦吊在檐头下，拴好线后，铺底瓦灰，底瓦窄头朝下，从下而上依次盖底瓦，底瓦搭三留七。

老头瓦伸入脊内长度不得小于瓦长的一半，并且在脊瓦应座中，两坡老头瓦碰头。斜沟底瓦搭盖不小于150mm或底瓦搭接不小于"一搭三"。盖瓦上下两块的接缝保证在3mm内，搭盖底瓦部分每侧控制在2/5盖瓦宽，突出屋面墙的侧面底瓦伸入泛水高度在50mm范围内。最后，经过施工单位精心作业，基本达到铺设标准，灰浆饱满、粘结牢固，底瓦和筒瓦铺设搭接均吻合紧密，行列齐直，无歪斜和高低起伏，底瓦檐口部位无坡度过缓情况；筒瓦接头平顺一致，夹楞坚实饱满。

3.1.2 混凝土屋面修缮保护

混凝土屋面修缮的主要部位是主教堂中的赵主教墓室的室外屋面及外立面上的窗台等，在实际施工过程中，重点作业环节主要有以下几个方面：

（1）修缮前，采用水枪清洗原屋面，水枪压力控制在10~20MPa范围，将所有开裂的混凝土清洗完毕，外露钢筋再采用细石英砂喷洗干净至原表层。

（2）在4个小时内把100%的纯环氧树脂分为A、B两组，按比例混合好，刷到清洁后的钢筋表层。养护24小时后，再刷一道环氧树脂漆。接着，在环氧树脂漆未干之际，喷1~2mm无尘纯石英砂（火烧后），以增加混凝土修复剂与钢筋的粘结性。而后，在肉眼可视范围内满刷防腐漆，并在24小时后用高压气枪吹掉多余石英砂。

（3）修复时先刷一道混凝土修复剂底料，底料未干之际，将混凝土修复剂中间料抹至缺失部位并压实，表面留约5mm，固化24小时后，对混凝土修复剂面层进行施工，初凝后对表面进行处理，如刷毛、拼色等，质感和颜色等均保持与旧混凝土一致。本项目采用的混凝土修复剂的类型有聚合物改性水泥基材料、环氧树脂修复剂等。

（4）已经修复部位至14天后，在所有混凝土表面进行防炭化涂料涂刷施工作业。

屋面维修效果

维修前图片

维修中图片

维修中图片

维修后图片

4. 钟楼修缮保护

钟楼是主教堂中最高的建筑部分，也是最具特点的部位之一。为了保证施工的安全性，共分成三个步骤完成实施。

第一步，首先按照脚手架搭设的标准规范在钟楼内外进行了搭设作业。在标高为 17.485m 楼板底处搭设承重架，固定在钟楼外立面脚手架上；在钟楼内部，从标高 4.57~15.085m 区域搭设脚手架。接着，对钟楼内部标高在 4.57~15.085m 区域已经焚毁的楼板、搁栅、木柱等构件自上而下进行了拆除。而后，依据原形制重新制作搁栅、楼板、木柱等木构件，并完成归安作业。

第二步，拆除标高为 17.485m 的楼板底处加固钢管及多层板。接着，继续拆除钟楼内部标高为 17.485m 以上区域的焚毁楼板、搁栅等构件。而后，仍然依据原形制重新制作已焚毁木构件，完成归安作业。

第三步，根据设计文本要求，自下而上对钟楼外立面砖墙线条、窗扇以及尖顶进行修缮，并按照外墙体修缮保护措施，对立面砖石构件进行清理和修补。同时，根据原教堂钟楼内的钟表结构形式，邀请我国大型钟表维修的专业机构进行了设计、修复及安装。

钟表维修效果

维修前图片

维修中图片

维修后图片

钟楼维修效果

维修前图片

维修中图片

维修后图片

5. 门窗修缮保护

　　天主教堂立面木门窗极具欧式风格，也是反映中西合璧建筑特点的构件之一。根据现场勘查，外立面木门窗油漆存在起壳、老化现象；木门、木窗局部变形、缺损情况严重，并且部分门窗遭此次大火后焚毁；门窗上残留的五金配件缺失损坏情况严重，开启极为不便；大部分彩色花窗玻璃遇火高温，出现炸裂、缺损等现象。

　　在实际施工过程中，对已经不能较好继续使用的木门窗进行选择性更换，重点维修了教堂建筑特有的尖形拱券门窗。在材料选择方面，所用木材与原有木材在类型、强度、颜色等方面保持了一致。同时，依据相关规定对木材进行了防腐、防虫及防火处理。

　　针对已经损坏的具有教堂风格的原彩色花窗玻璃，在考证历史史实的基础上，结合国外天主教宗教玻璃供应厂的情况，在国内进行了定制采购，并对其全部更换。

门窗维修效果

维修前图片

维修中图片

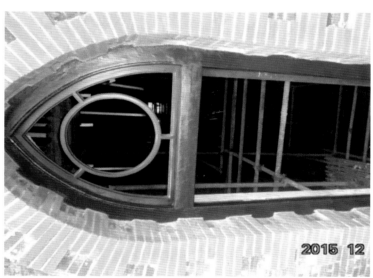

维修后图片

6. 装饰工程

主教堂内的装饰工程主要包括内墙及天棚抹灰、吊顶以及油漆施工等，是恢复内部空间原貌重要措施。不同部位的装饰工程施工重点不同，具体有以下几个方面：

（1）内墙及天棚抹灰施工

抹灰前首先要清除基体表面的灰尘、污垢和油渍等，剔平基体表面明显凹凸不平的部位，隔夜洒水湿润，粉刷素水泥浆一遍。抹灰程序放在上、下水管道安装完毕后进行，抹灰前将管道穿过的墙洞和楼板洞嵌填密实。

抹灰时，每遍厚度控制在7~9mm范围，后道抹灰层待前道抹灰层凝固后，方可进行。抹灰层外用腻子分遍刮平，各遍粘结牢固后，总厚度在2~3mm范围。抹饰面过渡层时，用抹子用力将腻子抹成鱼鳞状，以利于与面层结合。

（2）吊顶施工

吊顶施工最重要的环节即是龙骨的安装。主教堂吊顶依据设计标高要求，在四周墙上弹线，定出吊杆吊点的坐标位置，主龙骨端部吊点距离墙边控制在300mm以内。

主龙骨安装完成后，对其位置和标高进行了整体校正，并在跨中按规定完成起拱，起拱高度超过了房间短向跨度的1/200。主龙骨与吊杆在安装过程中，保持在同一平面的垂直位置，没有出现偏离情况，并且均留有副（次）龙骨以及罩面板的安装尺寸。

吊顶维修效果

维修中图片

维修后图片

（3）油漆施工

施工单位在结构验收且材料干燥后，对构件实施了油漆作业。施工前，先是做好油漆样品，待监理、业主以及监管单位验收通过后，按照样品质量完成大面积施工。

为保证油漆施工质量，除集中采购油漆材料和改善施工现场环境外，还采用机械拌料，通过更换衡器具，提高配料的均匀性、精确性。油漆前，木构件所用木材均经过充分干燥，粗糙处进行了磨光，缺隙、小洞以及不平的地方采用油腻子修补平整。腻子补平后，隔天用砂纸磨平，并清理干净。

在油漆作业中，施工单位对黏稠度加以控制，并且始终保持一致。使油漆在施涂时没有出现流坠现象，也未有明显刷纹。同一木构件采用同一批号油漆，涂层均匀，厚度适当，颜色一致。施工人员涂刷底漆时，实施了满涂，未出现漏底情况；隔天开始涂刷面层，面层油漆横平竖直的从上向下均匀涂刷，保证了良好效果。

消防喷淋安装效果

安装中图片

安装后图片

装修效果

装修中图片

装修后图片

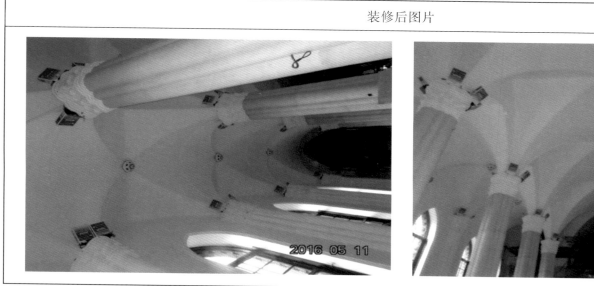

天堂指针修缮效果

维修前图片

维修中图片

维修中图片

维修后图片

地面维修效果

维修前图片

维修中图片

维修后图片

监理篇

第一章　监理工作履行情况

1. 组织机构建设

根据同业主方签订的监理合同约定、任务要求，结合该工程特点以及实际工作需要，在规定时间内成立了监理项目部，拟定了监理项目部的人员名单和设备，并按程序报送至业主方。经业主方审批通过后，各监理工程师陆续进驻工地开展相关工作，确保了对该工程质量、进度、投资、安全的控制以及对合同、信息的管理和各方关系的协调。担任本次项目的总监理工程师为我国文物建筑保护工程监理的开拓者，主持编制全国第一部《古建筑保护工程监理规范》（已颁布实施）的牛宁研究员。

监理项目部成员：

（1）牛宁（文博研究馆员）：总监理工程师。

（2）张增辉（文物保护工程古建工程师）：总监理工程师代表。

（3）李闯（文物保护工程古建工程师）：驻地监理。

（4）钱飞柱（二级建造师）：驻地监理。

监理项目部设备：

（1）笔记本电脑：两台，用于工程资料收集、整理等工作。

（2）照相机：三部，用于工程照片资料的记录。

（3）卷尺：三把，用于工程测量。

（4）手机：三部，用于工程场地内的通讯联络。

（5）办公桌：四张，用于工地现场办公。

2. 工程咨询意见和建议

根据委托合同的约定，监理项目部在工程监理过程中依据专业水平和工作经验，给业主方提供了合理的意见或建议，主要内容如下：

（1）关于对主教堂梁架结构的建议

针对设计图纸中梁架断面的问题，建议提出：宁波天主教堂虽为全国重点文物保护单位，但其本体已于 2014 年 7 月 28 日遭受火灾，焚毁全部木构架，且今日之复建是作为一个公共设施继续使用，因此结构安全应作为第一要素考虑。教堂原有木构架的做法就有很多不尽合理之处，比如大木构件断面普遍较小。如果考虑此次维修后教堂还需增加消防喷淋设施和电气照明设施，整个梁架荷载势必增大。但是，原有木构件断面尺寸均小于正常值，若桁、短柱等断面加大，屋面再增加灰背，跨度 6700mm 的梁架截面荷载必然加大，250mm×550mm 或 250mm×500mm 的尺寸均满足不了要求，且其断面不符合古代大木结构的基本要求。宋《营造法式》"以材为祖"的梁断面为 3∶2，清《营造则例》的梁断面为 6∶5，而修改后的七架梁断面尺寸按 250mm×500mm 也才达到 2∶1，250mm×550mm 的断面尺寸更是不足 2∶1，其构架自身稳定性都需要考虑，更遑论承载增加后的屋面重量。请设计单位重新计算七架梁荷载，确保主教堂的整体安全。

上述建议体现监理单位在文物修缮过程中能够根据实际情况，以人为本，注重考虑主教堂作为宗教活动的公共场所这一使用性质，强调教堂的公共安全和结构安全，并不教条地、绝对地、死板地去理解"不改变文物原状"的修缮基本原则，而是发展地、辩证地、灵活地根据具体情况具体分析，抓住关键去解决问题。

（2）关于对主教堂玻璃修复的建议

由于设计方案中对于主教堂窗户全部采用 4mm 白色玻璃进行更换维修的措施，与现状不符。监理单位站在"不改变文物原状"的修缮原则角度考虑，建议业主单位根据不同窗户的实际情况更换成白色玻璃、花色玻璃、磨砂玻璃或彩色玻璃。该建议后备业主方采纳，经进一步商议，设计单位同意修改设计方案，进行了设计变更，保持了主教堂窗户玻璃原状。

（3）关于对主教堂外墙及天堂指针修复的建议

在外墙及天堂指针的修复工作方面，业主方希望施工单位将墙面全部处理干净，并将天堂指针进行调整更换。这一提议严重违背文物保护工程修缮原则的精神，并有悖于原设计方案。监理单位向业主方建议，应严格遵循国家文物局批复的设计方案，对墙面进行适度维修，确保风化、破损的砖块得到修复，墙体整体色调保持一致；对天堂指针处理措施，建议先进行加固，适当补配缺失部分。以上两种建议，经监理方深入沟通交流，最终得到业主方认可。

（4）关于对内部吊顶安装的建议

针对设计单位关于主教堂 MGJ-4 的优化改进设计方案，监理单位认为该方案已经改变主教堂 MGJ-4 的原有结构形式，有悖于"不改变文物原状"的文物保护基本原则，并且改变后的结构形式隐蔽在吊顶之上，一旦出现安全隐患，将会无法及时观察构件变化情况，影响主教堂安全。监理单位建议主教堂今后作为宗教活动的公共场所，公共安全要放在第一位，因此我方建议在不改变原有结构形式下对装饰部分进行优化。

在主教堂修缮施工过程中，监理方除提出以上意见和建议外，还对工程的质量、安全、进度、投资等多个方面问题向业主方提出合理的意见和建议，较好地履行了向业主单位提供咨询的义务。

3. 工程汇报形式和成效

根据委托监理合同约定，在主教堂修缮工程的实施过程中，项目部的监理工程师应定期向业主方汇报监理工作实施情况。通常情况下，监理单位均以召开工地例会、现场协调会、编写监理月报、监理周报及现场口头汇报等多种形式向代建单位、建设单位汇报工程进展情况、存在问题以及监理单位的具体工作内容。

自工程开工至初验结束，监理方共计召开工地例会 18 次、现场协调会 30 次、四方验评会 1 次，编写监理月报 10 期、监理周报 8 期；同时，根据实际情况多次进行口头汇报，确保了业主单位、监管单位以及代建单位对工程进展情况及监理工作情况的掌握了解，也使工程中出现的问题能够及时解决，出色地履行了监理方的工作义务。

4. 工程的"四控制两管理一协调"

根据委托监理合同约定，监理方对本工程进行"四控制两管理一协调"，即质量控制、安全控制、进度控制、投资控制、合同管理、信息管理和各方关系的协调。

在整个工程的实施过程中，监理方人员全程驻地，实现了对工程的"过程控制"，较好地落实了"四控制两管理一协调"的工作。

在质量控制方面，用于本工程的各项材料质量合格，各工序质量合格，各分部、分项工程质量合格；在安全控制方面，实现了文物安全及施工安全的"零事故"；在进度控制方面，因客观情况导致延期 60 天，最终得到了业主方认可，并且监理方也通过努力协调、督促施工单位合理调整施工计划，将工程延期时间降至了最短；在投资控制方面，其投资情况完全控制在了计划之内；工程资料收集归档完整，各方关系协调融洽，共同推动了工程的顺利进行，较好地履行了"四控制两管理一协调"的工作义务。

5. 规章制度的履行和成效

根据委托监理合同约定，监理单位为监理项目部制定了各项规章制度，在本工程整个实施过程中，监理方项目部人员能够以身作则，严格遵守制定的各项规章制度，约束自身行为，坚守职业道德，不"吃、拿、卡、要"，不接受工程承包单位任何形式的报酬和利益，坚持"公平、独立、诚信、科学"的监理工作原则，公平、合理地维护各方合法权益，从而树立了监理公司的良好形象，为主教堂修缮工程的顺利完工做出了自己的贡献。

工作剪影

第二章　监理工作成效情况

1. 工程质量控制成效

宁波江北天主教堂修缮工程于 2015 年 6 月,由宁波江南建设有限公司对其实施修缮施工,计划工期 10 个月。由于该文物建筑历史悠久,文物价值较高,属于宁波城市的一处标志性建筑,寄托着宁波人民的深厚情感,故此对施工技术、维修措施要求非常高,稍有不慎就会造成不可挽回的损失。监理单位凭借自身的专业知识和经验,综合采用多种手段,确保了对工程质量的控制。

1.1 工程材料质量的控制成效

本次修缮工程所用材料主要有木材、小青瓦、筒板瓦、青砖、白灰、黄土、防腐剂、油漆、石材等等。监理单位依据材料具体情况,制定以下控制措施:

（1）对所有进场材料,坚持报审制度。具备合格证的工程材料,由监理人员查验产品合格证;不具备合格证的传统材料,由监理人员依据相应规范及自身工作经验进行检查。另外,邀请业主方驻现场代表共同对拟使用材料进行最终确认,未经监理方审核的工程材料禁止进场使用。针对质量不符合要求的材料,责令施工单位予以退场。

（2）对于木、砖、瓦、石等主要材料主要控制措施有:

①木材按照《古建筑木结构维护与加固技术规范》及设计要求,对木构件含水率、裂缝、虫眼、木节等缺陷进行检查,不合格的禁止使用。②瓦件、青砖及石材等从色泽、形制、规格、材质、质量等几个方面与原有构件进行对比,参照设计要求进行检查,不符合原形制和设计要求的禁止使用。③严格监督施工方使用麻刀灰等砌筑材料,要求其按照设计配合比或传统材料的配比要求进行配比,并在施工前检查各类灰浆质量。

该文物保护工程修缮材料多为传统材料,无法套用现代建筑材料的检测手段进行检查,更多依靠监理人员的知识和经验。据统计,监理单位项目部审查材料报审表总计 17 份,审查出不合格材料并要求施工单位退场的共计 2 次。最终,经监理方工程师的严格把关,用于主教堂建筑修缮的施工材料均满足设计和规范要求,保证了工程材料的质量。

1.2 屋面维修质量的控制成效

由于主教堂屋面被大火烧毁,仅剩部分残存,故可仍依据原工艺进行重铺,包括拆除、苫背、铺瓦、调脊等。本次屋面修缮质量控制成效较好,具体情况如下:

（1）在屋面拆除阶段,监理方通过对两个方面的重点控制,取得了较好成效:

①要求施工单位在拆卸原构件时做到谨慎施工,不得破坏相邻的牢固度较弱的墙体。由于屋面瓦件损坏严重,大部分瓦件无法继续使用,监理方监督施工单位按照残存瓦件的规格形制、使用材料、施工工艺进行了更换,确保了工程质量。

②监督施工单位做好拆卸构件的登记、拍照工作,形成文物建筑构件拆卸登记表 1 份。该项工作不仅为本次修缮工程保留了翔实的工程资料,也为今后主教堂的再次维修提供了充分依据。

（2）在屋面苫背阶段，监理方重点监督施工方按照传统工序和设计要求进行施工，并进行全程旁站监理，对各项工序如护板灰、泥背、灰背等施工质量是否拍背压实、有无裂纹以及厚度标准等进行检查、拍照记录。在苫背施工过程中，监理方就灰背、泥背的质量问题多次提出整改意见，并且要求每道工序必须在监理方组织三方验收认可后，才能进行下一道工序施工，从而确保了每道工序的施工质量，整个阶段形成隐蔽工程验收记录共计 5 份。

（3）在屋面铺瓦阶段，监理方通过对六个方面的重点控制，取得了较好成效。

①监督施工单位严格按照传统工艺进行铺瓦，不得改变或者漏下任何一道工序，确保了位置正确，排出"好活"。

②重点对齐头线、楞线、檐口线等关键线位进行测量观察，确保了几条关键线的准确度。

③监督施工单位对所用瓦件的再次筛选工作，以使主教堂屋面没有使用不合格或与原形制不符的瓦件。

④每垄瓦施工完毕后对瓦垄曲线囊度进行检查，确保了屋面整体曲线囊度基本一致。对瓦垄顺直程度进行检查，确保了瓦垄顺直。

⑤及时检查瓦件是否存在"喝风"和"不合蔓"现象，并对"捉节"及"夹垄"部位进行重点检查，监督施工方对不合格部位进行整改，确保了瓦件之间的良好贴合。

⑥铺瓦结束后，监督施工方对瓦面进行清扫，保证了良好的观感效果。

（4）在屋面调脊阶段，监理方通过对三个方面的重点控制，取得了较好成效。

①监督施工方参照设计图纸、依据原始照片，并咨询相关文保专家与业主单位意见，补配缺失脊饰，确保了所用脊饰构件均与原形制相符。

②监督施工方按照设计要求选择粘结材料或者传统材料用于残损脊饰，杜绝了使用不合适、不可逆的化学材料。

③及时测量各脊的安装高度、平整度，检查各脊是否倾斜，灰浆是否饱满，安装是否牢固。

（5）在屋面套色阶段，监理方通过重点控制，取得了较好成效。

针对施工方在未报监理方和业主方同意，依据自身经验，造成筒瓦屋面套色过深的情况，经监理工程师发现后及时给予制止，并下发通知单责令施工方立即停工，同时，第一时间向项目总监和业主方进行了汇报。

后经业主单位、设计单位、监理单位以及市区两级文物监管部门的协商，达成一致意见：不进行套色或按照原筒瓦颜色进行套色，保持筒瓦原有风貌。监理单位通过严格控制，保证了主教堂筒瓦屋面基本按照原貌进行恢复，达到了较好的质量效果。

1.3 木结构、木基层维修质量的控制成效

2014 年 7 月教堂意外着火，火灾严重，教堂相当部分的柱、梁、檩等木结构构件被烧毁，除局部未经烧毁的耳堂、阁楼等木结构仍维持原样，其余梁架结构修缮工作大部分为原貌复原。监理方根据设计方案，并参照《古建筑木结构维护与加固技术规范》，通过对六个方面的重点控制，使木结构修缮取得了良好成效。

（1）检查施工方购进木材的材质、含水率、存在缺陷等，确保符合设计规范要求。

（2）对施工方加工完毕的各类木构件尺寸进行了认真测量，确保符合设计要求。

（3）检查各类木构件的榫卯结构位置、尺寸、形制，确保符合设计要求。

（4）施工方重新安装木构件时，对各构件安装定位等进行复核，测量标高，检查其安装牢固程度，确保符合设计要求。

（5）对木构件"三防"处理进行了全程旁站监理，要求施工方做到吊装前一遍，安装后一遍，确保全方位处理。

（6）对于耳堂部位保存较好、未受火灾影响的木结构，监督施工方采取加固处理措施，不得随意更换，并

做好"三防处理"。

经监理方严格把关，审查出表面虫眼、搭接不正确等不合格椽子16根，未按设计要求选用材料的不合格檩条4根，榫头处裂缝过大、过长的不合格大梁2根。监理单位责令施工方对以上部位进行了更换或加固，确保了主教堂木结构、木基层的修缮质量合格，达到了我方的质量控制目标。

1.4 门窗、木楼梯及阁楼修缮质量控制成效

主教堂外立面门窗因风吹、雨淋、日晒造成油漆脱落、局部糟朽等不同程度残损，加之此次火灾烧毁了部分窗框、钟楼楼梯以及各层阁楼，故设计方要求依据门窗、楼梯以及阁楼等损坏程度的大小，分别逐项进行相应维修。监理方通过对三个方面进行重点控制，取得了较好成效。

（1）对油漆脱落、局部糟朽的门窗木构件，更换、加固糟朽的部位，严禁随意拆除、弃用，并全面检查维修后的加固质量。

（2）对已烧毁的门窗框、钟楼楼梯及内部阁楼，监督施工方依据原有形制和图案进行更换，并测量已更换的木构件尺寸，最后全面检查安装的牢固程度。

（3）维修完毕后，监督施工方按照设计要求进行"三防处理"，并重做腻子、油漆，保证整体良好的观感效果。

经过监理单位的严格把关，保证了损坏、烧毁、缺失的构件全部进行了更换，局部可以进行加固维修的构件的全部进行了加固，木材"三防处理"到位，油漆工程质量合格，保证了修缮质量。

1.5 地面修缮质量控制成效

主教堂室内原地坪位于现有地坪之下。根据设计方案，要求将现有地坪开挖至原有地坪标高处，勘察地砖损坏状况后，再依据实际情况进行翻修或者更换。监理方会同业主方、文物部门专家以及施工方对原有地坪地砖进行了现场勘察，达成一致意见：保持原有室内地坪标高不动，将现有地坪地砖按照原地坪地砖的样式进行铺装。

监理方通过对三个方面的重点控制，取得了较好成效：

（1）严格审查新换地砖的材质质量、规格尺寸，确保与原地坪地砖形制相符。

（2）监督施工方按照传统工序、工艺进行地砖铺设，检查灰浆配比、饱满度。

（3）地砖铺装完成后，检查表面平整度、勾缝质量，保证整体观感效果。

最终，经过监理单位的严格把关，地面修缮质量合格。

1.6 墙体修缮质量控制成效

主教堂墙体情况整体较好，经专业机构鉴定，结构稳定性牢固。经勘察，主要存在酥碱风化、局部后期改建、内粉脱落以及受植物、微生物破坏等病害，并且个别部位因本次火灾、地基沉降还出现裂缝现象。监理单位通过对六个方面的控制，取得了较好成效：

（1）根据设计图纸，采取旁站监理的方式对施工方进行监督。根据墙体酥碱风化程度采取相应措施，既避免了酥碱程度较大的原有青砖没有进行更换，也避免了对保存较好的青砖进行剔补、更换从而破坏原墙体；对涉及隐蔽部位的施工质量进行检查，确保经过剔补的青砖镶嵌牢固。

（2）根据设计图纸，采取拆砌或灌浆的方式维修墙体裂缝大小，重点检查隐蔽部位的施工质量、灌浆的浆液配比和饱满度，确保符合设计要求。

（3）根据墙面原有图案的线条、拼花形式对砖进行加工、砍磨、剔补，确保墙体剔补维修后符合原貌。

（4）由于地基不均匀沉降，导致墙体原有灰缝并非横平竖直，监理方则依据实际情况，在检查施工方灰缝质量时要求保持灰缝的整体协调即可。

（5）监督施工方做好墙面的有机硅保护施工，并除去墙面青苔，清理完工墙面，保证了整体观感效果。

（6）监督施工方按照传统工艺进行内墙粉刷施工，检查各道工序施工质量，保证了整体观感效果。

在主教堂墙体的整个修缮过程中，监理方检查出的主要问题如下：

（1）剔补所用青砖、红砖的色泽与原墙砖不符，部分剔补用砖未经挑选，本身存在瑕疵。

（2）施工人员清理砖表面时未经允许采用小型打磨机。

（3）拆砌墙体时未先做支顶加固，并存在大面积拆砌情况。

（4）墙面剔补后，部分灰缝过大。

（5）墙面腰线颜色处理同整个墙体不协调，颜色偏重且较新。

针对采取的不当修缮措施，监理方及时给予了制止，并责令对不合格部位重新返工。最终，需要替换的墙砖均按原形制经加工砍磨后进行了剔补，外墙拼花与线条依据原状完成了复原，较小裂缝采取了灌浆加固，较大裂缝进行了重新砌筑，灰缝按照原貌重新勾勒，墙体外表面青苔得以全部清理并采取了有机硅保护处理，内墙粉刷按照原工艺重粉，整体观感效果良好，质量达到合格。

1.7 室内吊顶修缮质量控制成效

主教堂室内原"拉丁十字"形吊顶造型优美，具有极高的艺术价值。因 2014 年火灾被全部烧毁，其复原工作是本次监理工作的重点之一。监理方通过对七个方面的重点控制，取得了较好成效，保证了吊顶质量：

（1）因吊顶造型复杂，监理方先对施工图纸进行了认真研究，并在此基础上指导施工方编制具有针对性的施工方案，确保了施工方案的具体化和可操作性。

（2）监理人员审查吊顶施工班组的人员配备，并了解了曾承担类似工程的情况，确保了施工班组的技术能够满足施工需要。

（3）检查施工班组对吊顶龙骨的放样情况，核对图纸，确保基层构件的准确形，待各龙骨加工成型后，再次进行核对，确保万无一失。

（4）检查吊杆的材质、规格尺寸以及防锈处理情况，确保符合设计和规范要求。同时，根据设计图纸，核对吊杆安装位置和检查螺栓是否安装牢固，对安装不牢固的螺栓责令施工方及时进行了整改。

（5）检查木龙骨和板材的材质、质量有无缺陷，禁止使用质量不合格的龙骨、板材。安装后，监理方对固定节点螺栓的数量、尺寸、牢固程度以及龙骨标高进行全面检查，确保符合设计要求。

（6）吊顶龙骨施工完毕后，全程监督施工方做好"三防处理"，确保了吊顶基层材料的"三防处理"工作到位。

（7）检查用于粉刷吊顶的麻刀灰配比、质量是否符合规范要求以及各道工序的完整性，监督施工方按照传统工艺完成施工，并检查最终的粉刷观感效果。

在整个吊顶施工过程中，经监理方严格把关，审查出施工方购进的不合格材料 2 批、安装固定螺栓数量不正确 2 次、吊顶粉刷裂纹 1 次，以上问题均责令施工方进行了退场或整改，确保了吊顶施工质量。

1.8 防火（消防、喷淋、自动报警）设施质量控制成效

本次修缮工程吸取了火灾教训，对主教堂防火设施进行了统一设计，包括消防、喷淋、自动报警等。监理人员严格按照图纸要求，检查消防、喷淋管道的材质（查看合格证）、管径、安装标高，节点连接方式，检查

所用设备（消防箱、喷淋头、烟感报警器等）的合格证，确保符合设计和规范要求。在安装完成后，又按照规范要求进行试压，检查有无漏水，保证了施工质量。

1.9 装饰、灯光、音响、监控、空调质量控制成效

本次修缮工程对主教堂内的装饰、灯光、音响、监控、空调等进行了重新设计，保证主教堂在修缮完毕后能够投入使用，进行日常的宗教活动。针对装饰、灯光、音响、监控、空调等配套设施的施工，监理方严格按照设计图纸要求、依据各类质量规范，检查所用材料（电线、开关、摄像头、桥架等）的品牌和质量，复核线路位置及埋设方式，监督施工单位进行设备调试，最终保证了施工质量，取得了较好的质量控制成效。

1.10 钟表修缮质量控制成效

本次工程聘请了专业机构对主教堂钟楼的钟表进行了修复设计和维修，监理方通过对五个方面的重点控制，取得了较好成效。

（1）监督施工方与钟表维修单位将钟表构件收集整理、拍照记录，并填写完成登记表，作为维修依据。

（2）监督钟表维修单位按原貌修复四面钟表盘，并完成除锈、油漆工作，确保了钟表的原有外观。

（3）按照原形制对钟表内部机芯、钟架等进行复制，并检查核对原构件遗存照片。

（4）钟表维修完毕后，监督钟表维修单位对钟表性能进行测试和调试，并组织业主单位一起验收，保证了钟表功能的正常使用。

（5）严格监督弥撒钟的原貌复制工作，并组织业主方共同核对确认新做弥撒钟形制是否与原钟相符，检查施工方是否安装牢固。

2. 工程进度控制成效

在天主教堂修缮施工过程中，监理方审查了施工方编制的施工进度表，对进度计划中可以改进的地方提出合理建议。监理方提出将总进度计划表细化为季度进度计划和月进度计划，并要求设置工程关键时间节点，用于考核施工单位进度计划的落实。施工单位按照建议重新合理安排进度计划，经总监理工程师确认可以按时保质的顺利完工后，方才签署审核表，同意按照该进度计划组织施工。

监理方工程师每周均会询问施工方项目经理关于施工进度和下阶段施工安排，如施工安排有所变动，施工方会及时告知监理工程师，并由监理工程师向业主方汇报，从而保证业主方清楚了解整个修缮工程的进度情况。

在监理工作过程中，监理方根据工程进度计划表和实际进度做到周周有比对，并通过比对多次发现存在偏差的情况。经监理单位调查核实，主要是由于文物建筑做前期勘察设计时，部分构件因客观条件无法勘察到位，致使施工时现场出现新情况，需重新变更设计资料，从而延缓了工程进度。但是，为保证工程顺利进行，防止工期延误，监理人员能够尽快同施工方进行沟通，调整施工安排，科学合理加班；同时，通知设计单位及时完善设计变更，采取相应的补救措施。

本工程原定工期为300天，实际工期为365天，总计延期65天。最终真正导致延期的原因，并非设计变更的影响，而是相邻的新江桥也处于同步施工状态，阻碍了现场施工通道，致使大型材料设备无法运入造成的结果。后经业主单位、施工单位、监理单位等多方共同努力，上级有关领导的协调帮助，通过同老外滩管理部门的协商，施工通道改借外滩道路，才确保了工程的顺利进行。由于情况特殊，业主方以及文物主管部门对工期延期的情况表示了理解和认可，而监理方也通过自身的努力协调，将工期拖延时间降至到了最低。

工作剪影

3. 工程安全管理控制成效

工程安全是文物建筑修缮过程中的重中之重。在工程例会、现场协调会以及日常监理工作中，监理方屡次强调工程安全的重要性，并始终将文物安全和现场人员安全的监管工作放在首要位置。具体体现在以下几个方面：

（1）监理方工程师每天到达工地现场的首要工作就是检查工程安全，监督施工人员须戴安全帽、高空作业须系安全带，严禁施工人员在施工场地内抽烟，检查施工方是否做好防火、防电、防雨等安全措施。

（2）要求施工方制定各项安全管理制度，通过在施工现场置放警示牌的形式，向工地人员做好安全宣传工作。

（3）在脚手架搭建过程中，监理方监督施工人员按照搭建规范进行搭建，对于扣件、钢管、镀锌铁丝质量等进行细致检查，对各立杆、横杆间距进行尺量；脚手架搭建完毕，监理方工程师亲自上架对其稳定性、脚手板的质量和数量、安全网的悬挂等进行了进一步检查，确保安全后才允许施工人员上架施工。在此项工程中，检查出多处不符合搭建规范的地方，均责令施工方及时进行了整改。

（4）由于天主教堂是老外滩的地标性建筑，许多游客慕名而来，给工程安全提出了更高的要求。监理方工程师要求施工方必须做好施工现场的封闭工作，并在明显位置置放安全警示标牌，防止游客进入施工现场。

在整个施工期间，下发关于工程安全的监理通知单共计 5 份，充分体现了监理方对工程安全的重视。经监理方的严格监督和管理，施工方的配合以及业主方的重视，天主教堂实现了文物保护工程安全零事故。

4. 工程信息资料管理工作成效

根据委托监理合同的约定，监理方在工作过程中对工程信息资料进行了有效地管理工作。主要工作内容如下：

（1）每天坚持对工程进行检查、巡视，必要时全程旁站监理，并拍照取证或录像，确保了工程进展过程中各分部、分项工程都有照片、影像等记录资料可查。这些照片影像资料既可使业主方、文物主管部门对工程的施工工艺、质量、进度等有直观清晰的了解，也为各分部、分项工程的验收工作提供有力的依据。

（2）每天施工结束后，均对当天的施工情况进行总结、记录，形成工程监理日志，为天主教堂修缮工程提供了详实的文字依据。

（3）做好工程例会、现场协调会等会议记录，并提交三方共同签字确认，保证了工程中三方达成的一致协议均有据可查。

（4）整理汇总在施工过程中下发的监理工程师通知单、联系单及收到的监理工程师通知回复单等资料。

（5）定期编写监理周报、监理月报，记录工程实施情况及监理工作情况。

（6）在整个工程施工过程中，监理方人员积极收集、整理各项工程报验资料。

经认真统计，监理方收集整理的资料主要包括：工程立项批文 1 份，工程合同 11 份，开工报告、报审表各 1 份，施工组织设计及报审表各 1 份，施工单位公司资质及人员报审表 1 份，特种人员报审表 1 份，工程暂停申请及复工申请表各 5 份，月度绩效考核评分表 10 份，施工进度计划及报审表各 2 份，专项施工方案 6 份，工程设备、材料、构配件报审表 31 份，材料合格证 40 份、检测报告 9 份，隐蔽工程现场检查申请表 42 份，分部、分项工程报验申请表 105 份，古建筑拆卸构件登记一览表 4 份，工程款支付申请表 8 份，钟表构件移交 4 份。监理方下发的资料主要包括：监理工程师通知单 26 份，监理工作联系单 6 份，监理周报 8 份，监理月报 10 份，监理日记 1 份（300 天），工程款支付证书 8 份，会议纪要 49 份。

在本次修缮工程中，监理方不仅做好了信息资料管理，而且对施工方的信息资料管理工作也进行了严格要求和耐心指导，帮助其完善了工程信息资料。经过监理方工程师兢兢业业的不懈努力，业主方和施工方的大力配合，保证了本工程各类信息资料的完备齐全。